Eva Kafke

Das Sanierungs-Set

Gebäudecheck

Sanierung planen

Finanzierung klären

Umbaumaßnahmen umsetzen

Stiftung Warentest

Inhalt

Sie können die Formulare auch kostenlos online ausfüllen. Den Link und einen QR-Code finden Sie auf Seite 94.

Fahrplan für die Sanierung

Wie fange ich an? Welche Maßnahmen sind sinnvoll oder gar vorgeschrieben? Mit welchen Kosten muss ich rechnen? Fragen wie diese verunsichern Eigentümer. Vor allem Sanierungswilligen, die wenig Erfahrung mit Baumaßnahmen haben, fällt der Start schwer. Wir weisen Ihnen den Weg mit einer systematischen Herangehensweise. Fachkundige Begleiter bringen Sicherheit und erleichtern die Umsetzung.

Sanierung in zehn Schritten

In diesem Kapitel erfahren Sie, wie Sie in zehn Schritten eine Sanierung planen, vorbereiten und umsetzen können. Der Schwerpunkt unseres Fahrplans – aber auch des gesamten Sets – liegt auf energetischen Maßnahmen. Hier ist der Handlungsbedarf bei vielen Altbauten besonders groß.

Schritt 1: Ziele und finanzielle Möglichkeiten umreißen

Die individuellen Bedürfnisse und Wünsche sowie die finanziellen und zeitlichen Möglichkeiten stecken den Rahmen für jede Sanierung. In manchen Fällen spielen auch gesetzliche Vorgaben eine Rolle. Diese Faktoren geben die Richtung vor für das weitere Vorgehen und alle Gespräche mit Experten. Am besten beginnen Sie mit einem gemeinsamen Brainstorming: Was stört Sie an Ihrem Haus? Was möchten Sie verbessern?

Wenn ein Schaden besteht, ist dessen Beseitigung natürlich das primäre Ziel. Und wenn Sie Ihr Haus gerade erst erworben haben, kann es sein, dass Sie eine Sanierungspflicht erfüllen müssen (siehe „Sanierungspflichten", ab S. 22). Die zentrale Maßnahme steht in solchen Fällen also fest. Sie ist zugleich ein guter Anlass, um über Synergien nachzudenken. Durch die Kombination von Maßnahmen lässt sich in der Summe viel Geld sparen, weil Kosten wie die für die Baustelleneinrichtung nur einmal anfallen. Außerdem können die Projekte dann baulich optimal aufeinander abgestimmt werden. Ein gutes Beispiel dafür ist die Heizungserneuerung: Wenn der Kessel getauscht wird, hat das Auswirkungen auf das gesamte Verteilnetz im Haus. Dieser Zeitpunkt bietet sich an, um Heizkörper auch dort zu erneuern, wo es technisch nicht zwingend erforderlich ist.

Eine energetische Sanierung ist jedoch auch ohne konkreten Auslöser ein sinnvolles, zukunftsorientiertes Vorhaben und eine Versicherung gegen künftige Energiepreisrisiken. Selbst wenn Sie „nur" den energetischen Standard des Gebäudes verbessern wollen, ist es wichtig, sich Ziele zu stecken. Geht es vorrangig darum, auf erneuerbare Energien umzusteigen und die Anlagentechnik zu modernisieren? Oder wollen Sie den Energiebedarf verringern und einen bestimmten Effizienzstandard erreichen?

Planen Sie, die eigenen vier Wände bis ins hohe Alter zu bewohnen? Dann sollten Sie in Ihre Überlegungen einbeziehen, wo Sie sich mehr Wohnkomfort oder auch weniger Barrieren wünschen.

Sanierungsziele lassen sich – zumindest zu Beginn – nur schwer auf Papier fixieren. Sie entstehen im Gespräch in der Familie, vielleicht auch mit Freunden und in der bewussten Auseinandersetzung mit den Details der Wohnumgebung. Dazu werden in der Planungsphase externe Fachleute, Energieberater und Handwerker, wichtige Impulse geben, sodass sich erste Ideen konkretisieren oder verändern können. Dieser Ratgeber hilft Ihnen dabei, sich zu orientieren, eine Vorstellung von möglichen Sanierungszielen zu bekommen und diese zu konkretisieren.

Zu den Vorüberlegungen gehört auch ein erster Kassensturz, um eine finanzielle Grenze zu bestimmen (siehe „Kassensturz", ab S. 61). Wer mit viel Aufwand eine Komplettsanierung plant und erst nach dem Blick auf die Kostenvoranschläge der Firmen erkennt, dass die Pläne das Budget sprengen, muss nahezu von vorne anfangen. Zugleich sind alle bereits eingebundenen Externen zu Recht verärgert. Das Set unterstützt Sie bei der Klärung der Finanzierung (siehe „Finanzierung klären", ab S. 57 ff.). Und schließlich spielt der Zeithorizont eine Rolle: Wollen Sie eine Komplettsanierung durchziehen oder eher schrittweise vorgehen? Gibt es Termine, die dabei zu berücksichtigen sind? Mehr dazu lesen Sie im Abschnitt „Wann ist der richtige Zeitpunkt?" ab S. 17.

Schritt 2: Informationen sammeln

Wenn Sie die Richtung der Sanierung festgelegt haben, geht es an die Suche nach Informationen. Eigentümer können und sollen nicht zu Bauexperten werden. Aber Basis-Wissen erleichtert die Gespräche mit Beratern, Planern und Handwerkern, gibt Sicherheit und hilft, die richtigen Fragen zu stellen. Hinzu kommt: Sanierungswillige werden mit vielen Details konfrontiert, von denen sie möglicherweise noch nie gehört haben. Da ist es gut, Informationsmaterialien greifbar zu haben, in denen man einzelne Fragen nochmals nachlesen kann. Weiterführende Informationen zu spezifischen Sanierunsaspekten über unseren Ratgeber hinaus bieten die unterschiedlichsten Organisationen meist kostenlos an. Hier eine Auswahl: :

- ➔ Für den Einstieg ist der Internetauftritt der gemeinnützigen Beratungsorganisation co2online (co2online.de) empfehlenswert.
- ➔ Die Energieberatungen der Verbraucherzentralen informieren auf der Seite verbraucherzentrale-energieberatung.de.
- ➔ Das Bundesministerium für Wirtschaft und Klimaschutz hat unter energiewechsel.de unter anderem FAQs über alle Neuerungen im Gebäudeenergiegesetz und die Bundesförderung für effiziente Gebäude aufgelistet.

- Im Portal daemmen-lohnt-sich.de sind Informationen zu Materialien und zur Durchführung von Dämmungen zu finden.
- Viele Hersteller von Wärmeerzeugern und Haustechnik haben auf ihren Internetseiten Praxis-Leitfäden und FAQ-Listen hinterlegt.
- In der Förderdatenbank des Bundes (forderdatenbank.de) lassen sich mit Hilfe von Filtern bundesweite, aber auch regionale Förderprogramme finden.
- Bei der Bundesarbeitsgemeinschaft Wohnungsanpassung gibt es eine Broschüre „Ein- und Zweifamilienhäuser – Fit fürs Alter", abrufbar unter wohnungsanpassung-bag.de in der Rubrik Materialien.
- Der Verein Barrierefrei Leben hat auf seiner Internetseite Tipps, Lösungsbeispiele und Produktinformationen hinterlegt (online-wohn-beratung.de).

Die Ratgeber-Bücher von Stiftung Warentest und den Verbraucherzentralen decken ein breites Spektrum von Sanierungsvorhaben in unterschiedlicher Detailtiefe ab. Die beiden Webseiten test.de/shop/eigenheim-miete/ und ratgeber-verbraucherzentrale.de/bauen-wohnen bieten einen Überblick.

Schritt 3: Bedarf ermitteln

Ausgangspunkt jeder Sanierung ist das vorhandene Gebäude. Um fundiert entscheiden zu können, welche Verbesserungen Sie vornehmen möchten, müssen Sie die Schwachstellen und die Potenziale des eigenen Hauses kennen. Ein gründlicher Gebäude-Check ist also unentbehrlich. Er beginnt mit der Sichtung aller relevanten Unterlagen (siehe „Unterlagen prüfen", ab S. 23). Dazu gehören beispielsweise Produktinformationen zur Haustechnik und Rechnungen von bisherigen Sanierungen und Reparaturen. Bereits jetzt kann sich zeigen, dass einzelne Maßnahmen demnächst auf Sie zukommen – beispielsweise, weil sich ein Bauteil seiner durchschnittlichen Lebensdauer nähert.

Teil zwei des Gebäudechecks ist ein ausführlicher Rundgang (siehe „Schwachstellen aufspüren", ab S. 26). Damit verschaffen Sie sich einen Überblick über den Ist-Zustand des Gebäudes. Mängel wie etwa Feuchteschäden oder undichte Fenster können auch Laien erkennen. Bei dieser Begehung sollten Sie mit im Blick haben, was Sie vielleicht nicht zwingend erneuern müssen, aber gerne ändern würden. Hilfreich ist, wenn alle Bewohner dabei sind. Vier Augen sehen mehr als zwei. Und zwei Bewohner haben andere und mehr Wünsche und Bedürfnisse als einer.

Schritt 4: Energieberatung nutzen

In der Planungsphase ist der Energieberater der wichtigste Partner (siehe „Energieberatung", ab S. 29). Seine Aufgabe ist, das Bestandsgebäude zu untersuchen und Eigentümer über unterschiedliche Sanierungsmöglichkeiten, ihre Vor- und Nachteile sowie Kosten und Fördermöglichkeiten zu informieren.

Energieberatung wird in unterschiedlicher Detailtiefe angeboten – von der Basisberatung bis zum umfassenden Konzept. Als standardisiertes Format hat sich der individuelle Sanierungsfahrplan (iSFP) etabliert. Eine solche ganzheitliche Betrachtungsweise ist unbedingt empfehlenswert. Denn im Gebäude greifen verschiedene Komponenten – Bauteile und Haustechnik – ineinander. Wenn man eine anfasst, hat das Auswirkungen auf andere. Wenn Sie beispielsweise die Heizung erneuern wollen, ist eine wichtige Kenngröße die Leistung des Wärmeerzeugers. Sie sollte optimal an den Wärmebedarf im Gebäude angepasst sein. Der hängt jedoch vom energetischen Zustand der Gebäudehülle ab. Es macht also einen großen Unterschied für die neue Heizung, ob Sie davor oder danach die Gebäudehülle dämmen. Wenn es um eine energetische Sanierung geht, gibt es keine isolierten Entscheidungen und Maßnahmen. Das heißt nicht, dass alles auf einmal gemacht werden muss. Aber ein Konzept für das gesamte Gebäude verhindert, dass man sich mit der ersten Maßnahme eine spätere verbaut oder auch hohe Zusatzkosten auslöst.

Wer Fördermittel des Bundes erhalten möchte, muss in den allermeisten Fällen nicht nur im Vorfeld, sondern auch bei der Umsetzung der Maßnahmen einen dafür geschulten Energieberater einbinden, einen sogenannten Energieeffizienz-Experten. Er stellt sicher, dass die Anforderungen der Förderrichtlinien erfüllt werden.

Schritt 5: Sanierungsoptionen abwägen und beschließen

Der Energieberater schlägt nach den Vorgaben der Baufamilie zu Budget, Zeithorizont und Herangehensweise geeignete Maßnahmen in einer sinnvollen Reihenfolge vor. Dann sind die Eigentümer am Zug: Sie müssen entscheiden, was sie wann in Angriff nehmen wollen.

Je nach Vorhaben können Genehmigungen von Behörden erforderlich sein. Jetzt ist der richtige Zeitpunkt, um bei den zuständigen Ämtern die Anforderungen zu klären (siehe „Wer kann mich begleiten?", ab S. 14). Sonst besteht die Gefahr, dass Sie Zeit und Mühe in ein Unterfangen stecken, das am Ende nicht genehmigt wird oder schlimmstenfalls rückgebaut werden muss.

Sinnvoll ist auch, bereits in Absprache mit dem Energieberater festzulegen, welche Technologien und Materialien für das geplante Vorhaben in Frage kommen. Denn das ist (mit)entscheidend für die Auswahl der ausführenden Firmen. Für den Einbau einer Wärmepumpe ist ein Fachbetrieb, der damit Erfahrung hat und diese auch belegen kann, die beste Wahl. Und wenn die Dämmung der Dachschrägen mit Zellulose oder Steinwollflocken erfolgen soll, ist ein Unternehmen gefragt, das über die entsprechende Maschinentechnik verfügt.

Schritt 6: Handwerksfirmen kontaktieren

Für alle am Bau beteiligten Firmen gilt: Ideal ist, wenn sie aus der näheren Umgebung stammen. Das erleichtert nicht nur den eigentlichen Bauablauf, sondern auch gegebenenfalls notwendige Mängelregulierung und die spätere Wartung von Haustechnik. Voraussetzung für den Erhalt staatlicher Fördermittel ist, dass ein Fachunternehmen beauftragt wird.

Wie genau das Team der ausführenden Firmen aussieht, hängt einerseits von den anstehenden Arbeiten und andererseits von der Rollenverteilung auf dem Bau ab. In den seltensten Fällen betrifft eine Sanierung nur ein Gewerk. Vielmehr werden meist schon für eine zentrale Maßnahme mehrere Handwerksbetriebe benötigt. So sind beispielsweise bei einer Dämmung der Gebäudehülle neben dem Fassadenbauer und dem Gerüstbauer oft auch ein Maurer für den Anschluss der Hauseingangstreppe, ein Elektriker für die Einbindung der Außenbeleuchtung und ein Maler gefragt. Werden zugleich die Fenster erneuert, kommt der Fensterbauer hinzu.

Das Angebot an Techniken und Produkten entwickelt sich stetig weiter. Deshalb spezialisieren sich immer mehr Unternehmen. Sie können in der Regel über die Fachverbände und Innungen gesucht oder erfragt werden. Diese bieten für ihre Mitglieder Schulungen unter anderem zu technischen Entwicklungen und gesetzliche Neuerungen an.

Ein Eigentümer kann natürlich alle notwendigen Spezialfirmen einzeln beauftragen. Doch das hat einige Nachteile. Es kann beispielsweise passieren, dass einzelne Arbeitsschritte an den Schnittstellen zwischen den Gewerken zum Zeitpunkt der Auftragsvergabe von keinem von beiden bedacht wurden. Genauso misslich ist, wenn beide Firmen dieselben Tätigkeiten geplant und dafür Materialien eingekauft haben. Auch die Koordination von mehreren Firmen auf der Baustelle ist für Laien herausfordernd. Schwierig wird es nicht nur, wenn es bei Firma Nummer eins Verzögerungen gibt und Firma Nummer zwei bereits auf der Matte steht. Viel weitreichendere Folgen hat es, wenn an den

Überschneidungen der Gewerke Fehler geschehen, für die sich dann keiner zuständig fühlt.

Zum Verfahren der Einzelbeauftragung gibt es Alternativen:

- ➔ Sie beauftragen eine größere Baufirma mit Mitarbeitern mit unterschiedlicher und vielfältiger Expertise.
- ➔ Sie wählen einen Fachbetrieb als sogenannten Generalunternehmer. Er vergibt einzelne Leistungen an Sub- oder Nachunternehmen.

In beiden Konstellationen hat der Bauherr nur einen Vertragspartner, der den Rest koordiniert. Je umfangreicher ein Vorhaben ist, umso hilfreicher ist ein zentraler Ansprechpartner, selbst wenn dafür zusätzliche Kosten entstehen.

Bei größeren Projekten bietet sich oft die Zusammenarbeit mit einem leitenden Planer oder Architekten an. Er erstellt einen Leistungskatalog, schreibt sämtliche Maßnahmen aus, spricht in Frage kommende Handwerksfirmen an und holt Angebote ein. Zusammen mit dem Bauherrn wählt er die Firmen aus und koordiniert und kontrolliert dann deren Arbeit (siehe „Wer kann mich begleiten?", ab S. 14).

Schritt 7: Angebote vergleichen

Seriöse Fachfirmen vereinbaren zur Planung von Bauvorhaben immer einen Vor-Ort-Termin, bei dem alle Aspekte besprochen werden. Wenn Sie einen guten Eindruck haben, bitten Sie im Anschluss um ein Kostenangebot. Es ist immer empfehlenswert, Angebote von mehreren Firmen vergleichen zu können. Zwischen einem Kostenvoranschlag und einem Angebot gibt es erhebliche Unterschiede (siehe „Kostenrahmen", ab S. 58). Damit Sie nicht Äpfel mit Birnen vergleichen, müssen Sie in der Absprache zu den Angeboten sicherstellen, dass diese bei allen Firmen auf denselben inhaltlichen Parametern und formalen Vorgaben basieren.

Bei der Gegenüberstellung von Angeboten geht es vorrangig um die Kosten. Dabei lohnt es sich immer, genau hinzuschauen und die einzelnen Posten zu betrachten. Das erhöht die Sicherheit, dass keine Arbeitsschritte oder Materialien vergessen oder zu großzügig oder zu knapp kalkuliert wurden. Übrigens: Auch die Konditionen wie Zahlungsbedingungen, Termin und Dauer der Ausführung gehören zum Angebotsvergleich dazu.

Schritt 8: Finanzierung klären

Sobald Bauherren über die einzelnen Aufträge entschieden haben, gilt es die Finanzierung zu klären. Meist setzt sie sich aus mehreren Bausteinen zusammen – Eigenkapital, Fördermitteln und oft auch einem Kredit.

Das Eigenkapital muss zur Fälligkeit der ersten Zahlungsrate an einen Handwerker teilweise und zum Abschluss der Baumaßnahmen vollständig verfügbar sein. Festgeldkonten müssen also rechtzeitig gekündigt werden. Ein zuteilungsreifer Bausparvertrag kann die Kasse deutlich aufbessern.

Fördermittel waren bereits Thema im Gespräch mit dem Energieberater. Doch die Förderbedingungen ändern sich manchmal innerhalb kurzer Zeit. Wichtig ist also der jetzt aktuelle Stand. Die meisten Fördermittel des Bundes müssen vor der Beauftragung der ausführenden Firmen beantragt werden. Mit der Maßnahme darf erst nach Erhalt des Zuwendungsbescheids begonnen werden. Ausnahme ist die Heizungserneuerung: Hier ist der Vertrag mit der Firma Voraussetzung für den Förderantrag (siehe „Fördermöglichkeiten und Steuervorteile", ab S. 63). Die Auszahlung von Fördermitteln erfolgt entweder als Zuschuss oder als Kredit mit Tilgungszuschuss und/oder vergünstigten Konditionen oder als Steuerrückerstattung. Es gibt immer einen Deckel, bis zu dem Kosten als förderfähig gelten. Bei sehr umfangreichen Maßnahmen kann es passieren, dass die Kosten höher liegen. Zu beachten ist auch, dass nicht immer alle Kosten förderfähig sind.

Von den Kostenschätzungen der Handwerker, dem vorhandenen Eigenkapital und der möglichen Förderung hängt ab, ob ergänzend ein Kredit benötigt wird. In jedem Fall gilt: Das Korsett sollte nicht zu eng geschnallt werden. Bei nahezu jedem Bauvorhaben ergeben sich in der Durchführung Änderungen und damit Kostenerhöhungen. Sinnvoll ist ein Puffer von 10 bis 20 Prozent.

Insgesamt ist das Thema Finanzierung nicht zu unterschätzen. Das liegt auch daran, dass unterschiedliche Ansprechpartner involviert sind und Fristen beachtet werden müssen. Planen Sie ausreichend Zeit für die Klärung ein (siehe „Finanzierung klären", ab S. 57).

Schritt 9: Maßnahmen umsetzen

Mit der Beauftragung der Fachfirmen beginnt die Bauphase. Jetzt sind unter Umständen zusätzliche Versicherungen oder Erweiterungen der vorhandenen Policen notwendig (siehe „Auftrag und Bauvertrag", ab S. 74). Vor allem bei komplexen Projekten ist es wichtig, dass die Handwerkerarbeiten überwacht werden. Laien können das oft nicht leisten. Ist ein Bauleiter beauftragt, dann übernimmt er meist auch die Baukontrolle. Ansonsten empfiehlt es sich, einen neutralen Baubegleiter zum Beispiel von einem Verbraucherschutzverband hinzuzuziehen (siehe „Wer kann mich begleiten?“, ab S. 14). Die Baukontrolle muss an neuralgisch wichtigen Bauabschnitten erfolgen, nämlich immer, bevor ein Bauteil zugedeckt wird. Nur so kann der Experte beurteilen, ob die Konstruktion fachgerecht erfolgt ist (siehe „Kontrolle am Bau“, ab S. 77).

Nach der Ausführung der Arbeiten folgt für jedes Gewerk eine Bauabnahme (siehe „Abnahme und Abrechnung“, ab S. 79). Sie wird in einem Protokoll dokumentiert. Liegen Mängel vor, wird eine Frist zur Beseitigung vereinbart, und eine zweite Abnahme erfolgt. Mit dem Termin der endgültigen Abnahme beginnt die Gewährleistung (siehe „Mängel und Gewährleistung“, ab S. 83).

Schritt 10: Fachfirmen bezahlen, Zuschüsse einholen

Bei umfangreichen Aufträgen ist es gängige Praxis, dass Firmen Teil- oder Abschlagsrechnungen stellen. Das sollte konkret mit der Beauftragung vereinbart sein. Die Höhe der Abschläge sollte sich nach dem prozentualen Anteil der geleisteten Arbeit richten. Die letzte Rate wird nach der Endabnahme fällig. Bei größeren Baumaßnahmen ist es ratsam, fünf Prozent der Netto-Rechnungssumme zurückzuhalten, um im Falle von Mängeln in der Gewährleistungszeit eine finanzielle Reserve für deren Beseitigung zu haben. Sämtliche Rechnungen zahlt der Bauherr zunächst in voller Höhe, auch wenn er gegebenenfalls Fördermittel nutzen möchte.

Spätestens mit der Schlussrechnung übergeben die Firmen alle Unterlagen zu der von ihnen durchgeführten Maßnahme. Dazu gehören Herstellernachweise, Produktdatenblätter und Prüfprotokolle. Bauherren, die eine Förderung in Form der Steuerrückerstattung in Anspruch nehmen möchten, benötigen dazu eine Fachunternehmererklärung. Für Zuschüsse oder einen Förderkredit verlangen die Fördermittelgeber – das Bundesamt für Wirtschaft und Ausfuhrkontrolle (Bafa) beziehungsweise die Kreditanstalt für Wiederaufbau (KfW) – neben den Rechnungen einen Nachweis des beauftragten Fachunternehmens oder des Energieeffizienz-Experten. Nach Prüfung der Unterlagen erhält der Bauherr einen Festsetzungsbescheid, und der Zuschuss wird auf sein Konto ausgezahlt beziehungsweise der Tilgungszuschuss gutgeschrieben.

Wer kann mich begleiten?

Ob, wie viele und welche Experten Sie bei einer Sanierung an Ihrer Seite brauchen, hängt einerseits von Ihrem eigenen Können und Wissen und andererseits von den geplanten Maßnahmen ab.

Die Dämmung einer Dachgeschossdecke können versierte Heimwerker nach einer Basis-Energieberatung auch allein bewerkstelligen. Im Falle eines Heizungsdefektes, wenn schnell Ersatz gebraucht wird, werden sich die meisten Eigentümer direkt an einen Installationsbetrieb wenden.

Sobald es jedoch um mehrere Maßnahmen oder gar eine Komplettsanierung geht, ist es unbedingt sinnvoll, in der Vorbereitungsphase kompetente Berater und erfahrene Planer hinzuzuziehen. So lassen sich die Vorhaben optimal aufeinander abstimmen, Reibungen und Fehler, oft sogar bauliche Mängel vermeiden.

Von den ersten Überlegungen bis zu der oder den Bauabnahmen werden viele Monate vergehen. Sehr hilfreich ist, in dieser Zeit an den wesentlichen Schnittstellen Kontinuität zu sichern. Im Idealfall begleitet ein Planer das gesamte Projekt. Für diese Schlüsselrolle kommt ein Energieberater, Architekt oder Bauingenieur in Frage.

Energieberater

Ein unabhängiger Energieberater kann auf mannigfache Weise in das Vorhaben eingebunden werden – von der Erstberatung über die Entwicklung eines energetischen Gesamtkonzeptes bis zur Fachplanung und Baubegleitung. Es gibt auch spezifische Beratungsangebote beispielsweise zur Heizungserneuerung oder zu Photovoltaik-Anlagen (siehe „Energieberatung", ab S. 29).

Pflicht zur Energieberatung

Das Gebäudeenergiegesetz (GEG) verpflichtet seit 2020 beim Kauf oder bei der umfangreichen Sanierung eines Ein- oder Zweifamilienhauses zu einem informatorischen Erstgespräch mit einem Energieberater, wenn dies kostenlos angeboten wird. Vorgaben zu Umfang, Länge und Ort des Gesprächs macht das Gesetz nicht.

Mit der GEG-Novelle 2024 ist eine zweite Beratungspflicht hinzugekommen: Vor dem Einbau einer Öl- oder Gasheizung müssen Eigentümer eine Energieberatung in Anspruch nehmen. Der Berater soll darin auf mögliche Auswirkungen der kommunalen Wärmeplanungen und auf wirtschaftliche Risiken hinweisen.

Die Berufsbezeichnungen Energieberater, Gebäudeenergieberater oder Energieeffizienzexperte sind keine geschützten Begriffe. Architekten und Ingenieure, Bauphysiker, Handwerker und Schornsteinfeger bieten geeignete Beratungsleistungen an. Auf den Internetseiten der Branchenverbände Gebäudeenergieberater Ingenieure Handwerker Bundesverband GIH (gih.de), Deutsches Energieberater-Netzwerk DEN (deutsches-energieberaternetzwerk.de) und Deutsche Energieberater-Vereinigung (energieberater-vereinigung.de) sind Suchmaschinen eingerichtet. In der Energieeffizienz-Expertenliste des Bundes (energie-effizienz-experten.de) sind alle Experten aufgeführt, deren Beratungsleistung vom Bund gefördert wird. Außerdem sind nur die dort gelisteten Berater berechtigt, Anträge für staatliche Förderprogramme zu stellen. Die Energieeffizienz-Experten müssen regelmäßig ihre Qualifikation erneuern und nachweisen.

Experten für besondere Sanierungen

Sie wollen Ihr Haus barrierearm umbauen? Dann finden Sie in den Fachstellen für Barrierefreiheit in den Bundesländern (bundesfachstelle-barrierefreiheit.de) erste Ansprechpartner. Auch bei zahlreichen Architektenkammern und in viele Kommunen gibt es Beratungsstellen für Barrierefreies Bauen.

Zu Feuchte- und Schimmelschäden sowie möglichen Schadstoffbelastungen bieten Verbraucherzentralen Erstberatungen an. Meist brauchen Sie jedoch im zweiten Schritt einen Spezialisten. Ein Bauphysiker oder Sachverständiger für Bauwerk- oder Schimmelschäden kann die Ursache eines Feuchteschadens finden und geeignete Maßnahmen empfehlen. Die Untersuchung der Raumluft auf Schadstoffe nehmen Sachverständige für Gebäudeschadstoffe vor.

Für diese, aber auch für andere Sanierungen vermitteln der Bauherren-Schutzbund (bsb-ev.de) oder der Verband privater Bauherren (vpb.de) sachkundige Experten. Darüber hinaus führen die Industrie- und Handelskammern und die Handwerkskammern Datenbanken mit Sachverständigen unterschiedlicher Fachgebiete.

Architekten und Ingenieure

Wenn mehrere Maßnahmen, die ineinandergreifen, realisiert werden sollen, ist es ratsam, einen Architekten oder einen Bauingenieur zu beauftragen. Er ist so etwas wie der Manager der Baumaßnahme von der Entwicklung eines ganzheitlichen Sanierungskonzeptes über die Planung und Vorbereitung bis zur Kontrolle der Durchführung. Der Architekt oder Bauingenieur erstellt alle für die Bauantragstellung benötigten Bauunterlagen, Ausführungs- und Bauzeitenpläne und präzise Leistungsbeschreibungen. Er ermittelt die Kosten für die geplanten Maßnahmen, wirkt bei der Prüfung von Angeboten, der Vergabe von Aufträgen und der Kontrolle der Rechnungen mit. In der Umsetzungsphase fungiert er als Bauleiter vor Ort. Er kümmert sich um einen geregelten Bauablauf, koordiniert alle Gewerke und überwacht die Einhaltung der anerkannten Regeln der Technik, der Durchführungsverordnungen der Landesbauordnungen und des festgelegten Kostenrahmens. Und schließlich ist er für die Abnahmen von Leistungen zuständig.

Architekten arbeiten meist in kleinen Büros und können sich gut auf individuelle Vorhaben einstellen. Dabei haben sie auch die Gestaltung des Hauses im Blick. Wenn es um die Dämmung der Fassade und/oder die Dachdeckung geht, ist das nicht zu unterschätzen. Wie werden die neu entstehenden Dachüberstände ansprechend gestaltet? Wie lassen sich Simse nachbilden? Für solche Fragen ist ein Architekt ein wichtiger Berater. Einen guten Überblick über Architektenbüros in der näheren Umgebung bekommen Sie anhand der Gelben Seiten oder der Internetseiten der Architektenkammern der Länder.

Bauingenieure sind sehr technisch orientiert. Sie prüfen die Baukonstruktion und dimensionieren die Gebäudetechnik. Das ist beispielsweise wichtig, wenn es darum geht, ob die vorhandene Dachkonstruktion die geplante PV-Anlage trägt. Viele Ingenieure haben sich auf bestimmte Bereiche wie etwa die technische Gebäudeausrüstung oder die Tragwerksplanung spezialisiert. Für die Suche gilt auch hier: Überblick in den Gelben Seiten, Detailrecherche bei der Ingenieurkammer.

Architekten und Ingenieure können ihre Honorare frei verhandeln. Seit der Neufassung der Honorarordnung für Architekten und Ingenieure (HOAI) gelten die darin verankerten Honorare nur noch als Orientierungswerte. Die Vergütung richtet sich nun grundsätzlich nach der Vereinbarung, welche die Vertragsparteien treffen. Das muss in Textform geschehen.

Fachliche Unterstützung in der Planungsphase

In der Planungsphase kann es notwendig sein, Einzelfragen gemeinsam mit einem weiteren Experten zu klären. Wenn die Erneuerung, Veränderung oder Optimierung der Heizungsanlage ansteht, ist der **Schornsteinfeger** gefragt. Er prüft, ob der Schornstein den Anforderungen der neuen Anlage entspricht, und macht bei Bedarf Vorgaben für Anpassungen. Per Gesetz ist der Schornsteinfeger zudem verpflichtet, die Feuerungsanlage bei Neuinstallation und später auch im Betrieb zu überprüfen. Soll eine komplexe Heizungs- und Lüftungsanlage errichtet werden, wird unter Umständen ein Fachingenieur für die technische Gebäudeausrüstung (**TGA-Ingenieur**) benötigt. Anbauten müssen in der Regel im amtlichen Lageplan erfasst werden. Dafür wird ein **Vermesser** beauftragt.

Je nach Projekt müssen unter Umständen spezielle bauliche Anforderungen berücksichtigt werden. Wenn etwa durch die Neueindeckung und Dämmung des Daches und vielleicht noch eine PV-Anlage, durch einen Dachgeschoss-Ausbau oder einen Anbau in das statische Gefüge des Gebäudes eingegriffen wird, muss ein **Statiker oder Tragwerksplaner** berechnen, ob und welche zusätzlichen Sicherungen notwendig sind.

Im Zuge der Finanzierungsplanung können steuerliche Fragen auftreten. Ein **Steuerberater** informiert über Abschreibungsmöglichkeiten, die im Jahr 2020 neu eingeführte steuerliche Förderung energetischer Maßnahmen und Steuerpflichten im Zusammenhang mit einer Photovoltaik-Anlage.

Ansprechpartner bei Behörden

Wenn das äußere Erscheinungsbild des Gebäudes geändert wird, Eingriffe in die Tragstruktur erfolgen oder eine Nutzungsänderung vorgesehen ist, müssen baurechtliche Vorschriften beachtet werden. Sie werden von Bund, Ländern und Kommunen erlassen und unterscheiden sich von Ort zu Ort erheblich. Das kommunale **Bauamt** informiert über erforderliche Genehmigungen, einzuhaltende Abstandsregeln oder auch Gestaltungsvorgaben. Steht das Gebäude unter Denkmalschutz, ist die **Denkmalschutzbehörde** einzubeziehen. Der Schattenwurf von großen Bäumen kann den Ertrag einer Solarthermie- oder einer PV-Anlage mindern. Einfach fällen geht dennoch nicht. Das **Grünamt oder Gartenbauamt** gibt Auskunft über Vogelschutzzeiten, Gebühren für Baumfällungen und Vorgaben bezüglich Ersatzpflanzungen. Die Bohrung für Sonden oder Brunnen einer Wärmepumpe beeinträchtigt unter Umständen das Grundwasser. Die **Untere Wasserbehörde** entscheidet, ob eine Tiefenbohrung vorgenommen werden darf und ob dafür eine Genehmigung erforderlich ist. Manchmal ist auch eine Erlaubnis des **Bergamtes** notwendig.

Unabhängige Baukontrolle

In der Bauphase brauchen Sie einen unabhängigen Kontrolleur, der Ihre Interessen vertritt und die Arbeit kontrolliert. Das gilt auch, wenn Sie die Sanierung mit einem

Generalunternehmen realisieren. Ein Mitarbeiter einer solchen Firma ist schließlich nicht unabhängig.

Wenn das Vorhaben von einem leitenden Planer, Architekten oder Ingenieur begleitet wird, gehört die Baukontrolle in aller Regel zu dessen Aufgaben. Wenn Sie die Sanierung in Eigenregie managen oder auch nur eine einzelne Maßnahme umsetzen, finden Sie Baubegleiter bei den oben genannten Verbraucherschutzorganisationen.

Wann ist der richtige Zeitpunkt?

Den einzig richtigen, für alle Eigentümer optimalen Zeitpunkt für eine Sanierung gibt es nicht. Zu unterschiedlich sind bauliche Realitäten, aber auch die Interessen und finanziellen Möglichkeiten der Sanierer.

Es gibt nur wenige Sanierungspflichten, jedoch viele Anlässe, die sich anbieten, um energetische Maßnahmen anzudocken. Vielfach lassen sich dabei Synergien nutzen, die baulich sinnvoll sind und zugleich das Klima und den Geldbeutel entlasten.

Gesetzliche Pflichten erfüllen

Das Gebäudeenergiegesetz (GEG) enthält neben Auflagen für Neubauten auch einzelne Austausch- und Nachrüstpflichten für Eigentümer von Bestandsimmobilien. Bei vielen turnusmäßigen Instandhaltungen müssen zudem laut GEG sogenannte „bedingte Anforderungen" an den Wärmeschutz erfüllt werden. Darüber hinaus haben mehrere Bundesländer in ihren Klimaschutzgesetzen eine Solarpflicht verankert (siehe „Sanierungspflichten", ab S. 22).

Defekten zuvorkommen

Oft geben unumgängliche Instandsetzungen den Anstoß zu einer energetischen Sanierung. Wenn das Dach durch einen Sturm beschädigt ist oder die Heizungsanlage den Geist aufgegeben hat, sind Eigentümer zum Handeln gezwungen. Der Haken ist nur: Das undichte Dach oder die defekte Heizungsanlage kann nicht warten, bis ein ganzheitliches energetisches Sanierungskonzept entwickelt und erörtert ist. Solche Reparaturen müssen schnell umgesetzt werden, sodass in der Regel vorhandene Systeme erneuert, nicht jedoch durch energieeffizientere ersetzt werden. Dann werden Fakten geschaffen, die für Jahrzehnte Bestand haben. Experten nennen das „Lock-in-Effekt": Kurzfristige oder unüberlegte Maßnahmen bergen die Gefahr, dass die beste Lösung verbaut wird.

Mittlere Lebensdauer einzelner Bauteile

(Circa-Angaben)

Dachpfannen aus Beton	60 Jahre
Gebrannte Dachpfannen und Ziegeldächer	80 Jahre
Zinkblecheindeckungen	25 Jahre
Schornsteinköpfe	30 Jahre
Dachentwässerung	20 Jahre
Tragende Dachkonstruktion	100 Jahre
Kellerlichtschächte	50 Jahre
Außentreppen	60 Jahre
Außenputz	50 Jahre
Verblendmauerwerk	80 Jahre
Außenanstrich	10 Jahre
Heiztechnische Anlagen	30 Jahre
Warmwasserboiler	20 Jahre
Elektrische Leitungen	50 Jahre
Elektrische Pumpen	15 Jahre
Fenster	40 Jahre

Quelle: Verband privater Bauherren e. V.

Das können Sie vermeiden, indem Sie sich an der durchschnittlichen Lebens- und Nutzungsdauer von Bauteilen orientieren (siehe Tabelle oben "Mittlere Lebensdauer einzelner Bauteile"). Wer wartet, bis die elektrischen Leitungen 50 Jahre auf dem Buckel haben, riskiert Defekte. Wer jedoch die Erneuerung vorausschauend in Angriff nimmt, kann die Leitungserneuerung mit der Installation einer Photovoltaik-Anlage koppeln.

Komfortüberlegungen können den jeweiligen Zeithorizont auch verkürzen: Fenster und Türen sind undicht und sorgen für unangenehme Zugluft. Räume werden auch bei aufgedrehten Heizkörpern nie richtig warm. Die Außenwände strahlen Kälte ab. Am Esstisch im Erdschoss hat man ständig kalte Füße. Die Dachräume sind im Sommer ohne Klimagerät kaum bewohnbar. Jedes einzelne Defizit ist ärgerlich. In der Summe und auf Dauer beeinträchtigen sie allerdings das Wohngefühl und das Raumklima erheblich.

Maßnahmen kombinieren

Bei der umsichtigen Planung ist es wichtig, die Bauteile nicht einzeln, sondern im Zusammenhang zu betrachten. Werden Fassadendämmung, Putz und Anstrich aufgebracht, dann ist es sowohl unter wirtschaftlichen als auch unter baulichen Gesichtspunkten eine Überlegung wert, die Fenster auch gleich auszutauschen. Oder: Wenn der Schornsteinkopf und die Dachentwässerung erneuert werden müssen, bietet es sich an, das Dach zugleich neu einzudecken – selbst wenn die Ziegel vielleicht noch zehn Jahre halten würden. Bei der Gelegenheit werden dann gleich die Dachflächen mit gedämmt. Bautechnisch haben solche Koppelungen den Vorteil, dass Baumaterialien optimal aufeinander abgestimmt und Fehlerquellen bei Anschlussarbeiten reduziert werden.

Eine sinnvolle Herangehensweise ist, eine energetische Sanierung mit anderen zwar nicht zwingend notwendigen, aber gewünschten Veränderungen zu kombinieren, zum Beispiel mit der Reduzierung von Barrieren. Wird beispielsweise die Balkontür ausgetauscht, so kann zugleich die hinderliche Schwelle entfernt und vielleicht sogar die Balkonfläche auf rollstuhlgeeignete Maße vergrößert werden. Umgekehrt gilt das natürlich genauso: Wenn die Eingangstreppe zur Hürde wird und die barrierefreie Umgestaltung des Zugangs zum Haus geplant wird, dann ist das ein guter Impuls, um die Haustür zu erneuern und – besser noch – die Fassade zu dämmen.

Für Eigentümer eines Reihen- oder Doppelhauses kann es spannend sein, frühzeitig mit den Nachbarn ins Gespräch zu kommen. Vielleicht planen die ja auch eine Sanierung, sodass eine gemeinsame Herangehensweise möglich ist. Auf jeden Fall lassen sich Dach- und Fassadenübergänge gemeinsam am besten lösen.

Jede Kombination von Baumaßnahmen verringert sowohl die Beeinträchtigungen für die Bewohner als auch die Kosten. Die Baustelle muss nur einmal eingerichtet werden, Kosten für die Anlieferung von Baustellen-Toilette und Absperrungen im Straßenraum und für ein Gerüst entstehen nur einmal. Synergien gibt es auch bei der Entsorgung von Bauschutt oder der Anlieferung von Containern.

Finanzielle Aspekte bedenken

Von den Vorüberlegungen bis zum Baubeginn vergehen oft einige Monate. In dieser Zeit können sich Fördermittel und Baupreise verändern. Eine punktgenaue Vorbereitung, die das optimal berücksichtigt, ist kaum möglich. Dennoch ist es sinnvoll, Zinskonditionen sowie Höhe und Bedingungen von Fördergeldern im Blick zu haben. Der angekündigte Start eines neuen Förderprogrammes oder dramatische Preissteigerungen für bestimmte Materialien können wichtige Argumente sein, eine Sanierung ins Folgejahr zu verschieben.

Auch die eigene Finanzplanung kann den Termin einer Sanierung beeinflussen: Wenn in ein paar Monaten eine größere Anlage frei wird, eine Erbschaft ansteht, ein Bausparvertrag zuteilungsreif ist oder die Unterhaltszahlungen an das Kind wegfallen, wirkt sich das erheblich auf das Eigenkapital sowie auf Kreditraten aus.

Bedarf ermitteln

Sie haben die Entscheidung getroffen, die energetische Verbesserung Ihres Hauses und vielleicht noch weitere Modernisierungsmaßnahmen anzupacken. Jetzt geht es darum, herauszufinden, was Sie unbedingt tun müssen und was sie darüber hinaus tun können.

Sanierungspflichten

Die Gesetzgebung des Bundes und der Länder hat im Bereich Klimaschutz in den vergangenen Jahren deutlich an Dynamik gewonnen und in Teilen eine Neuausrichtung erfahren. Allein mit Sanierungsempfehlungen und der Förderung von energetischen Maßnahmen lassen sich die Klimaziele nicht erreichen.

Um den Klimaschutz im Gebäudesektor weiter voranzubringen, werden Pflichten ausgeweitet. Sie sind vor allem im Gebäudeenergiegesetz (GEG) – umgangssprachlich: Heizungsgesetz – festgeschrieben.

Austausch- und Nachrüstpflichten

Seit 2020 gilt: Heizkessel, die mit flüssigen oder gasförmigen Brennstoffen betrieben werden (also vor allem Heizöl oder Erdgas) und eine Heizleistung von 4 bis 400 Kilowatt haben, müssen außer Betrieb genommen werden, sobald sie älter als 30 Jahre sind. Diese Geräte sind extrem ineffizient. Von der Austauschpflicht ausgenommen sind Brennwert- und Niedertemperatur-Kessel.

Außerdem gibt es zwei Nachrüstpflichten für Bestandsgebäude:

- ➜ Wenn das Dachgeschoss nicht beheizt wird, müssen Eigentümer die Geschossdecke zu den darunterliegenden beheizten Wohnräumen oder alternativ die Dachflächen dämmen.
- ➜ Alle nicht gedämmten Wärmeverteilungs- und Warmwasserleitungen, die sich in unbeheizten Räumen – also etwa dem Keller oder einem Technikraum befinden – müssen gedämmt werden.

Von diesen Pflichten sind Eigentümer ausgenommen, die ihr Haus bereits seit 1. Februar 2002 oder früher selbst bewohnen. Wer eine solche bislang nicht ertüchtigte Immobilie erwirbt oder erbt, hat zwei Jahre Zeit, um die Pflichten zu erfüllen. Stichtag ist die Eintragung ins Grundbuch.

Bedingte Anforderungen

Eine allgemeine gesetzliche Sanierungspflicht für Bestandsgebäude gibt es nicht. Aber unabhängig vom Eigentümerwechsel müssen Bauherren sogenannte bedingte Anforderungen erfüllen, wenn sie umfangreiche Baumaßnahmen durchführen. Wer im Zuge einer Sanierung mehr als zehn Prozent eines Bauteils erneuern lässt, muss die Arbeiten so ausführen lassen, dass das Bauteil anschließend den Vorgaben des GEG entspricht. Konkret heißt das: Einzelne defekte Dachziegel können Sie tauschen. Wenn Sie jedoch den Außenputz oder die Dacheindeckung komplett erneuern, muss der Wärmeschutz mit auf den Prüfstand. Diese Regelung gilt nicht für denkmalgeschützte Häuser und für Bauteile, die unter Einhaltung energiesparrechtlicher Vorschriften nach dem 31. Dezember 1983 errichtet oder erneuert wurden.

Vorgaben für die Heizungserneuerung

Seit Anfang 2024 gibt es außerdem umfangreiche gesetzliche Vorgaben zur Heizungserneuerung. Im GEG ist ein Fahrplan verankert, wonach künftig möglichst jede neu eingebaute Heizung zu mindestens 65 Prozent mit erneuerbaren Energien betrieben werden muss. Diese Pflicht greift, sobald ein kommunaler Wärmeplan vorliegt und die Heizung kaputtgeht (siehe „Energieversorgung neu organisieren", ab S. 41).

Solarpflicht

Sowohl in der EU als auch in Deutschland gibt es Bestrebungen, eine Solarpflicht einzuführen. Mehrere Bundesländer haben das in ihren Landesklimaschutzgesetzen bereits getan. Fragen Sie dazu gezielt Ihren Energieberater. Eine solche Solarpflicht beinhaltet zumeist eine Nachrüstpflicht für Bestandsgebäude, wenn das Dach umfassend saniert wird. Neueindeckung und PV-Anlage sollen also gemeinsam erfolgen. Das ist ohnehin wirtschaftlich empfehlenswert, denn alle vorbereitenden Arbeiten wie der teure Gerüstaufbau sind nur einmal notwendig.

Künftige Pflichten

In den kommenden Jahren werden vermutlich weitere Pflichten auf Immobilieneigentümer zukommen. In der Europäischen Union wurde eine Novelle der Richtlinie über Gesamtenergieeffizienz von Gebäuden (EPBD) beschlossen. Bis 2030 soll der Primärenergieverbrauch des Wohngebäudebestandes um 16 Prozent und bis 2035 um 20 bis 22 Prozent verringert werden. Die vorgesehene Reduzierung soll zu 55 Prozent durch die energetische Verbesserung der ineffizientesten Wohngebäude (Worst Performing Buildings – WPB) erreicht werden. Die EU-Mitglieder können selbst festlegen, wie sie die übrigen 45 Prozent erzielen. Der deutsche Weg ist hier noch nicht absehbar. Denkbar sind jedoch durchaus höhere Vorgaben für Gebäude mit besonders schlechtem energetischem Standard.

Unterlagen prüfen

Wenn Sie seit Jahrzehnten Eigentümer Ihres Hauses sind, erinnern Sie sich vermutlich an bisherige Baumaßnahmen. Doch können Sie das Jahr der Heizungsinstallation oder der Putzerneuerung benennen? Auch die jährlichen Energieverbräuche haben wohl die wenigsten Eigentümer im Kopf.

Die Zusammenstellung aller verfügbaren Informationen zum Haus ist ein Baustein bei der Ermittlung des Sanierungsbedarfs. Sie müssen dazu nicht Ihre diversen Ablageordner auseinandernehmen. Sehr viel praktischer ist es, die Rahmendaten herauszusuchen und in einem Dokument aufzulisten. Welche Unterlagen Sie benötigen, finden Sie im Formularteil ab S. 94.

Energieverbräuche einordnen

Ihr Energieverbrauch sagt viel über den energetischen Standard des Gebäudes aus. Den Stromverbrauch in Kilowattstunden können Sie Ihrer jährlichen Abrechnung entnehmen. Den Wärmeenergieverbrauch weist jedoch nicht jeder Lieferant in Kilowattstunden aus. Im Zweifel müssen Sie umrechnen: Wenn Sie mit Gas oder Öl

NUTZUNGSHINWEIS

Formular A: Unterlagen zur Vorbereitung

Diese Aufstellung bildet zusammen mit Kopien der darin genannten Bau- und Planungsunterlagen den Grundstock der späteren Energieberatung. Am besten legen Sie einen kleinen Ordner an, im Regal oder auch im Computer.

UNSER RAT

Das sagen die Farben über den Sanierungsbedarf

Ähnlich wie bei Elektrogeräten wird der konkrete Gebäudewert auf einer Farbskala von grün (gut) über gelb (mittel) bis rot (schlecht) Energieeffizienzklassen zugeordnet. In die grün markierte effizienteste Kategorie A+ fallen Passivhäuser oder KfW 40+-Häuser mit einem Endenergiebedarf oder -verbrauch unter 30 kWh/m^2a. Ein unsanierter, energetisch schlechter Altbau mit mehr als 250 kWh/m^2a findet sich in der roten Kategorie H. Bei einem Gebäude mit einem Endenergiewert von bis zu 150 $kWh/(m^2a)$ kann es interessant sein, energetische Optimierungsmöglichkeiten zu untersuchen. Unbedingt ratsam ist das, wenn der Kennwert über 150 $kWh/(m^2a)$ liegt.

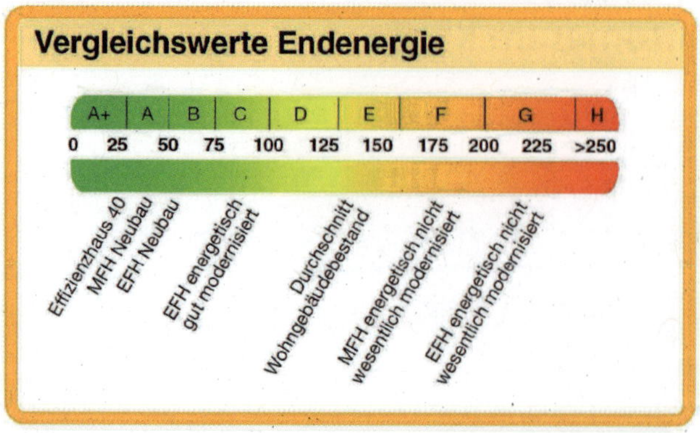

heizen, multiplizieren Sie den in der Jahresrechnung angegebenen Gasverbrauch in Kubikmetern beziehungsweise Ölverbrauch in Litern mit dem Faktor 10. So kommen Sie auf die verbrauchten Kilowattstunden. Die Jahresverbräuche für Strom, Heizwärme und Warmwasser teilen Sie durch die Wohnfläche, um den Jahresverbrauch pro Quadratmeter zu erhalten. Hilfreich ist, die Verbrauchsdaten der Vorjahre herauszusuchen und einen Mittelwert zu bilden. Damit gleichen sich Unterschiede im Klima und im Verbrauchsverhalten aus.

Mit den reinen Verbrauchsdaten können Sie nicht allzu viel anfangen. Um zu wissen, wie viel Potenzial in Ihrem Haus steckt, brauchen Sie einen Vergleich mit ähnlichen Häusern. Dazu sind der Stromspiegel und der Heizkostenspiegel der gemeinnützigen Beratungsgesellschaft co2online gut geeignet (heizspiegel.de, stromspiegel.de). Darin sind die jährlich erhobenen Verbräuche in tabellarischer Form nach Gebäudetypen und Bewohnerzahl beziehungsweise Wohnfläche kategorisiert und in vier farbig markierte Stufen eingeteilt. Das Hauptaugenmerk bei diesem Abgleich gilt dem Energieverbrauch für Raumwärme und Warmwasser. Denn der macht laut Statistischem Bundesamt rund 80 Prozent des Endenergieverbrauchs in privaten Haushalten aus, birgt also das größte Einsparpotenzial. Findet sich der eigene Verbrauch im grünen Bereich des Heizspiegels – prima. Dann lassen sich mit einer Sanierung nur noch kleine Verbesserungen erreichen. Im roten Bereich dagegen ist der Handlungsbedarf hoch.

Energieausweis lesen

Wenn es für das Haus bereits einen Energieausweis gibt, sind Sie schon einen Schritt weiter. Dieser standardisierte Steckbrief für Wohngebäude liefert mittels verschiedener Kennziffern ein Bild von der energetischen Qualität des Hauses und den daraus resultierenden Treibhausgasemissionen.

Pflicht oder nicht?

Beim Bau von neuen Wohngebäuden ist ein Energieausweis vorgeschrieben. Eigentümer von Bestandsbauten müssen ihn erstellen lassen, wenn das Gebäude umfassend saniert und dabei eine energetische Gesamtbilanzierung aufgestellt wird. Auch bei Verkauf oder Übertragung eines Erbbaurechts, bei Vermietung oder Leasing muss den Interessenten ein Energieausweis vorgelegt werden. Für alle unsanierten Wohngebäude, für die der Bauantrag vor dem 1. November 1977 gestellt wurde, ist ein Bedarfsausweis Pflicht. Für alle anderen Bestandsgebäude haben Eigentümer die Wahl. Ein Energieausweis ist zehn Jahre lang gültig.

Es gibt zwei Arten von Energieausweisen. Sie unterscheiden sich in der Ermittlung der Energiekennwerte:

→ Ein **Verbrauchsausweis** basiert auf dem mittleren Heizenergieverbrauch der letzten drei Jahre. Der wird beispielsweise anhand der Abrechnungen von Heiz- und Warmwasserkosten ermittelt. Die so dargestellte Energieeffizienz des Gebäudes hängt also maßgeblich von seinen Bewohnern ab.

→ Für einen **Bedarfsausweis** wird der Energiebedarf des Gebäudes mittels zahlreicher Parameter wie Wohnungszahl, Bauweise der Gebäudehülle und Standort sowie normierten Bedingungen (z. B. Innentemperatur, Klimadaten) berechnet. Diese Methode erfordert eine umfangreiche bautechnische Untersuchung, ist also aufwendiger, aber auch aussagekräftiger.

Die Bedarfs- bzw. Verbrauchswerte des Gebäudes sind auf Seite 2 bzw. 3 in Kilowattstunden pro Quadratmeter Gebäudenutzfläche und Jahr (kWh/m^{2}a) ausgewiesen. Je höher der Kennwert ist, umso schlechter ist der energetische Standard. Auf Seite 4 des Ausweises finden sich Empfehlungen zu kostengünstigen Verbesserungen.

Schwachstellen aufspüren

Bei einem sorgfältigen Rundgang durch Ihr Haus werden Sie einige Defizite entdecken, die für eine Sanierung von Bedeutung sind. Wichtige Leitfragen sind dabei: Wo ist Instandsetzungsbedarf? Sind undichte Stellen an Bauteilen erkennbar? Gibt es Feuchteschäden?

Die Besichtigung beginnt von draußen kommend an der Kellereingangstür und führt uns durchs gesamte Haus bis ins Dachgeschoss. Den Abschluss bildet ein Gang ums Haus herum. Ergänzend zu unserer Checkliste im Anhang sind Fotos als Gedankenstütze hilfreich.

Keller

Bei der Begehung des Kellers geht es vor allem darum, Feuchtigkeit auf die Spur zu kommen. Warnzeichen sind feuchte Stellen, Schimmelflächen, abplatzender Putz und Trocknungsränder, aber auch muffiger Geruch weist gegebenenfalls auf Handlungsbedarf hin.

Feuchte kann von unten, von außen durch die Mauern oder undichte Fenster eingedrungen sein oder durch Wasserschäden von oben. Außerdem kann an kühlen Wandbereichen oberhalb des Erdreichs Innenfeuchte kondensieren. In selteneren Fällen gab es in der Vergangenheit eine Überschwemmung, nach der der Keller nicht ausreichend getrocknet ist.

Solange Wände feucht sind, ist eine Dämmung nicht sinnvoll. Zuerst müssen die Quellen der Feuchtigkeit beseitigt werden und die Wände vollständig austrocknen. Unter Umständen ist eine Gebäudeabdichtung erforderlich. Vielleicht muss auch eine Schimmelsanierung durchgeführt werden (siehe „Schwachstellen am Gebäude sanieren“, ab S. 53).

Außenwände

Auch in den Räumen im übrigen Gebäude können Feuchtebelastungen auftreten. Die Feuchtigkeit kann in einem nicht unterkellerten Haus unten in die Wände des Erdgeschosses gelangt oder – genau wie im Keller – von außen eingedrungen sein.

Auch Kondensation von Raumfeuchte an kühlen Oberflächen kann auftreten. Besonders gefährdet sind Raumecken, die Bereiche rund um Fenster und Türen, hinter Schränken oder anderen großen Möbeln, Rollladenkästen und der Anschluss an den Balkon.

Fenster und Türen

Bei alten Fenstern, Terrassen- und Balkontüren genügen Verglasung, Rahmen und Wandanschlüsse oft nicht den heutigen Anforderungen an Wärmeschutz. In manch einem Altbau finden sich noch pflege- und wartungsintensive Doppelkastenfenster, Verbundfenster mit einem doppelten Flügelrahmen oder auch Einfachfenster. Durch Mehrfach-Wärmeschutzverglasungen mit Edelgasfüllung zwischen den Scheiben geht im Vergleich zu den Einfachfenstern bis zu 85 Prozent weniger Wärme verloren.

Die Luftdichtheit können Sie mit Hilfe einer Kerze überprüfen: Flackert die Flamme oder wird sie in eine Richtung „gezogen“, gibt es einen deutlichen Luftzug unter der Fensterbank, am Rahmen entlang zum Mauerwerk oder am Fensterflügel.

Wie die Fenster, so wurden auch die Hauseingangstüren älterer Häuser in der Regel primär unter optischen Gesichtspunkten ausgewählt oder entworfen. Alte Haustüren, möglicherweise noch mit Einfachverglasung, ohne Dämmung und Türdichtung sind aus thermischer Sicht meist echte „Wärmelöcher". Im schlimmsten Fall ist der Briefkastenschlitz in der Tür eingebaut.

Nicht ganz so kritisch in Bezug auf Wärmeverluste sind Eingangstüren zum Keller, solange der nicht aktiv beheizt wird. Es handelt sich zudem oft um massive Türen.

Dach

Das Dachgeschoss beziehungsweise der Dachboden sollte für die Bestandsaufnahme gut ausgeleuchtet sein. Hilfreich ist eine starke Taschenlampe.

Bei einer Dachluke mit ausziehbarer Treppe gilt es zu prüfen: Ist sie abgedichtet und wärmeisoliert? Bei einer regulären Treppe sollten Sie die Wärmedämmung und Luftdichtheit der Tür kontrollieren.

Achten Sie unter den Dachflächen besonders auf alle Durchstoßungen wie den Schornstein, vorbereitete Leitungen für Wasser und Strom usw. Hier können sich Undichtigkeiten ergeben, sowohl was Wasser als auch was Zugluft betrifft. Schwachstellen sind häufig undichte und/oder einfachverglaste Dachausstiegsfenster. Sind irgendwo Nässespuren zu erkennen, die darauf hinweisen, dass die Dachhaut nicht mehr dicht ist? Wie ist der Zustand der Dachsparren?

Etwa vorhandene Dämmschichten auf der obersten Geschossdecke oder an den Dachflächen sollten trocken und unbeschädigt sein. Material und Dicke sind wichtige Informationen für ein späteres Gespräch mit einem Energieberater. Im ausgebauten Dachstuhl gilt es, die Dichtigkeit und die Wärmeisolation der Dachfenster zu prüfen.

AUSFÜLLHILFE

Formular B: Schwachstellen

Unsere Checkliste führt Sie durchs Haus, zeigt wichtige Prüfpunkte und hilft Ihnen, einen systematischen Überblick über den Zustand aller Räume und Bauteile und den möglichen Sanierungsbedarf zu bekommen. Dabei werden in erster Linie die für die energetische Bilanz des Hauses wichtigen Punkte abgefragt. Markieren Sie dazu im folgenden Notizformular B2 Ihre Einschätzung zum voraussichtlichen Handlungsbedarf. Auch für weitere Anmerkungen beispielsweise zum Wohnkomfort und zu Barrierefreiheit sowie für Fragen an Experten finden Sie hier Platz.

Wenn eine Dachterrasse existiert, sind folgende Fragen von Belang: Ist der Bodenbelag mit den Anschlüssen an die Wand augenscheinlich dicht? Funktioniert der Wasserablauf? Ist der Boden (nach unten) wärmegedämmt?

Heizung und Warmwasserbereitung

Der Zustand und vor allem die Effizienz des Wärmeerzeugers und des Wärmeabgabesystems ist für den Laien nur schwer zu beurteilen. Das Alter kann jedoch Hinweise auf Optimierungspotenziale geben. Die effiziente Wärmeverteilung im Gebäude funktioniert nur, wenn die Heizkörper in Ordnung und im Idealfall mit regelbaren oder gar smarten Ventilen ausgestattet sind. Wenn eine Heizungserneuerung ansteht, spielt die Größe der Heizflächen eine wichtige Rolle: Gibt es eine Fußbodenheizung in allen oder einigen Räumen? Ist diese individuell ansteuerbar?

Bei Überlegungen zum künftigen Energiekonzept des Hauses wird es auch um die

Art der Warmwassererzeugung gehen. Wie funktioniert sie bislang – durch den gleichen Wärmeerzeuger wie die Heizungsanlage? Zentral, zum Beispiel über einen elektrischen Heißwasserboiler mit großem Warmwasserspeicher? Oder über kleine elektrische Untertischgeräte oder einzelne elektrische Durchlauferhitzer in Küche und Bädern?

Hauselektrik

Die Installationen und elektrischen Leitungen können sich auf die Planung einer energetischen Modernisierung auswirken. Wenn es Schalt- oder Verlegungspläne gibt und man die Leitungsführung nachvollziehen kann, ist das sehr hilfreich.

Viele Fragen in puncto Elektrik wird der Fachbetrieb prüfen müssen: Wie viele getrennte Stromkreisläufe gibt es im Haus? Reichen die Leitungen und Anschlussstellen für die künftigen Ansprüche und die Haustechnik? Ist die Hauselektrik auch bei zusätzlichen Verbrauchern – etwa einer Ladestation für das E-Auto – ausreichend belastbar? Ist im Schalt- und Sicherungskasten Platz für eine Erweiterung? Ist der Schutz gegen Blitzeinschläge vorhanden, ausreichend und funktionsfähig?

Gebäude von außen

Ein Fernglas oder Feldstecher kann helfen, Details der Gebäudehülle besser zu erkennen. Wie ist der Zustand der Wände, Fenster und Türen von außen? Wurde schon einmal eine Dämmung angebracht, und wenn ja: welche Art? Ist sie unversehrt oder gibt es sichtbare Schäden wie Löcher und/oder Risse? Gibt es Balkone, deren Anschlüsse eine Wärmebrücke darstellen? Kritisch sind Betonplatten, die als Balkonboden vor den Außenwänden auskragen. Ist die Dachdeckung überall noch intakt und beim Schornstein die Anbindung an die Dachhaut in Ordnung? Funktioniert die Entwässerung von Dach und Balkon bei Regen?

Weitere Überlegungen

Sie müssen nicht nur entscheiden, was getan werden soll, sondern auch wie. Oft haben Sie die Wahl zwischen diversen Optionen. Diese Detailabwägung findet zu einem späteren Zeitpunkt statt. Doch dann müssen Sie sich Ihrer Prioritäten, Vorlieben und Abneigungen bewusst sein.

Steht eine Heizungserneuerung an, sind folgende Fragen relevant:

- → Wollen Sie das gesetzlich geforderte Minimum oder mehr tun?
- → Welche Energieträger bevorzugen Sie?
- → Streben Sie einen bestimmten Effizienzstandard im Gebäude an?
- → Wie teuer darf die Heizungsanlage werden?
- → Möchten Sie auch Veränderungen an den vorhandenen Heizkörpern vornehmen?
- → Wird sich mittelfristig beispielsweise durch einen Dachgeschossausbau die beheizte Wohnfläche ändern?
- → Soll der Wärmeerzeuger auch eine Kühlfunktion übernehmen?
- → Wie viel Platz darf die künftige Heizung beanspruchen?
- → Wie sieht der Zeithorizont für die Maßnahme aus?

Energieberatung

Nach der Prüfung der Unterlagen und dem Gebäudecheck haben Sie eine Orientierung, wie dringlich der Handlungsbedarf ist. Nicht mehr. Und nicht weniger.

An einer unabhängigen Energieberatung führt kein Weg vorbei. Sie wird in unterschiedlicher Beratungstiefe und in unterschiedlichen Ausrichtungen angeboten.

Erstinformation bei den Verbraucherzentralen

Als Einstieg eignen sich die Basis-Beratungsangebote der Verbraucherzentralen. Online- und Telefonberatungen helfen bei der Klärung von gezielten Fragestellungen. Wenn es um einen fundierten ersten Überblick geht, ist eine etwa zweistündige Vor-Ort-Beratung das richtige Format. Kernelemente sind die Bestandsaufnahme und die Analyse des energetischen Zustandes des Gebäudes. Der Experte nimmt die Schwachstellen von Haustechnik und Gebäudehülle ins Visier und informiert über Sparpotenziale und Handlungsoptionen. Die Ergebnisse fasst der Energieberater in einem Kurzbericht zusammen. Das Ganze kostet – dank staatlicher Förderung – einen Eigenanteil von 30 Euro.

Der Kurzbericht hilft vor allem beim Priorisieren von Maßnahmen. Je nach Ausgangslage kann diese Beratung auch ausreichen, um tätig zu werden. Wenn Fassade und Dach bereits gedämmt und Fenster und Außentüren ausgetauscht sind, ist vermutlich der Wärmeerzeuger der große Schwachpunkt im Haus. In der Vor-Ort-Beratung kann thematisiert werden, welche Technologien in Frage kommen und welche Vor- und Nachteile sie haben. Damit haben Sie eine gute Grundlage, um eine Richtungsentscheidung zu treffen und mit Fachfirmen Kontakt aufzunehmen.

Gut beraten!

Die rund 1 000 Honorar-Energieberater, die im Auftrag der Energieberatung der Verbraucherzentrale tätig sein dürfen, sind zu Neutralität verpflichtet und müssen wirtschaftlich unabhängig und hauptberuflich als Energieberater tätig sein. Sie haben ein eigenständiges Bewerbungsverfahren durchlaufen sowie an einer verbindlichen Einführungsveranstaltung teilgenommen und müssen sich regelmäßig fortbilden.

Individueller Sanierungsfahrplan (iSFP)

Ist ein Gebäude weitgehend unsaniert, dann sind meist unterschiedliche Maßnahmen sinnvoll. Dafür brauchen Eigentümer eine sehr intensive, zielgerichtete Beratung, an deren Ende ein Sanierungskonzept steht. Dafür hat sich als standardisiertes Format der sogenannte individuelle Sanierungsfahrplan (iSFP) durchgesetzt. Die Idee ist es, Eigentümern einen auf das Gebäude zugeschnittenen Plan von technisch und wirtschaftlich sinnvollen, folgerichtig aufeinander aufbauenden Maßnahmenpaketen an die Hand zu geben. Sie können dann entscheiden, ob sie den Plan in einem Zug oder auch Schritt für Schritt abarbeiten.

Ein iSFP hat zahlreiche Vorzüge: Wenn bereits im Grundsatz geklärt ist, welche Lösungen angestrebt werden, dann sind Eigentümer schnell handlungsfähig, sobald kurzfristig Instandsetzungen notwendig sind. Darüber hinaus können sie frühzeitig finanzielle Belastungen einplanen. Außerdem erleichtert die vorausschauende Planung die vorteilhafte Kombination und Abstimmung unterschiedlicher Vorhaben. Dabei werden weitergehende – vielleicht später wichtige – Verbesserungen nicht verbaut. Der iSFP ist mit Stand August 2024 die einzige Form der Energieberatung, für die es Zuschüsse aus der Bundesförderung für effiziente Gebäude (BEG) gibt (siehe „Fördermöglichkeiten und Steuervorteile", ab S. 63).

Kontaktaufnahme zum Energieeffizienz-Experten

Zugelassene Berater sind mit der Umkreissuche in der Energieeffizienz-Expertenliste unter energie-effizienz-experten.de zu finden. Die Ergebnisse können Sie nach drei Kategorien – Energieberatung, Sanierung und Neubau – sowie weiteren Unterkategorien filtern. Hier sollten Sie möglichst alle eventuell in Frage kommenden Felder markieren. Wenn Sie beispielsweise zunächst nur „Energieberatung" ankreuzen, kann es passieren, dass Sie einen Experten mit dem iSFP beauftragen, der nicht für die später notwendige Beantragung von Fördermitteln zugelassen ist. Dann brauchen Sie im Verlauf Ihrer Sanierung einen zweiten Berater. Den Aufwand können Sie sich sparen, indem Sie außer der Rubrik „Energieberatung" auch die Kategorie „Sanierung" berücksichtigen. Sie wissen noch nicht, ob Sie eine Komplettsanierung oder Einzelmaßnahmen umsetzen werden? Dann markieren Sie sicherheitshalber beides.

In den Profilen der Berater sind teils Stichworte zum beruflichen Hintergrund und zu Spezialisierungen hinterlegt. Wenn schon in diesem Stadium ein Sanierungsschwerpunkt feststeht, ist es sinnvoll, dies zu berücksichtigen und etwa für die Dacherneuerung einen Bauingenieur oder Architekten zu wählen. Der Vorteil dieser Herangehensweise ist: Sollte die Baumaßnahme umgesetzt werden, kommt der Energieberater eventuell als Bauleiter in Frage. Das sichert Kontinuität und macht einen weiteren Ansprechpartner überflüssig.

In einem ersten Telefonat mit dem Berater der Wahl müssen die Modalitäten eines Vor-Ort-Termins geklärt sein: Wann und mit wem soll er stattfinden? Was ist Ziel der Beratung? Werden zusätzliche Leistungen – etwa eine Luftdichtheitsmessung oder die Kalkulation mehrerer Sanierungsvarianten – gewünscht? Welches Honorar wird vereinbart? Für eine Energieberatung gibt es keine Gebührenordnung. Die Kosten richten sich nach dem Umfang der Beratung. Lassen Sie sich daher einen Kostenvoranschlag mit allen Leistungen und Kosten geben.

Entwicklung des iSFP

Bei seiner Besichtigung nimmt der Energieberater die Beschaffenheit von Wänden, Dach, Geschossdecken und anderen Bauteilen sowie die Haustechnik unter die Lupe. Nehmen Sie Ihren Dokumentenordner und die bereits erstellten Checklisten A und B zu Hilfe. Je mehr der Energieberater über Mängel, Wünsche, geplante Nutzungsänderungen, den finanziellen Rahmen etc. weiß, umso zielgerichteter kann er beraten. Dieser Termin dauert etwa zwei bis drei Stunden. Im Anschluss analysiert der Experte die Gebäude-, Anlagen- und Verbrauchsdaten. Er bewertet den energetischen Ist-Zustand anhand bedarfsbasierter Kennwerte, also unabhängig von Ihrem Nutzungsverhalten.

Aus der detaillierten Datenanalyse und allen ergänzenden Informationen, die ihm zur Verfügung gestellt wurden, entwickelt der Energieberater Vorschläge für mögliche Sanierungsmaßnahmen. Diese folgen dem Bestmöglich-Prinzip. Das heißt: Bei jeder Maßnahme sollen möglichst alle in Betracht kommenden Faktoren zur Senkung des Primärenergiebedarfs ausgeschöpft werden.

Wenn unterschiedliche Maßnahmen-Varianten denkbar sind, werden sie beim zweiten Vor-Ort-Termin einander gegenübergestellt, Details besprochen und eine Variante vereinbart. Danach erhalten die Eigentümer Zusammenfassungen sowohl von der Bestandsaufnahme als auch von Berechnungen für mögliche Maßnahmen in Form von Kurzbeschreibungen, übersichtlichen Tabellen und Grafiken. Einzelne Maßnahmen, die sinnvollerweise zusammen durchgeführt werden, sind zu Paketen gebündelt und in eine zeitliche Reihenfolge gebracht. Zur Klassifizierung des aktuellen und des mit den einzelnen Schritten erreichbaren energetischen Standards wird die aus dem Energieausweis bekannte Farbskala verwendet.

Bestandteil des Sanierungsfahrplans sind auch Informationen über die Kosten der einzelnen Maßnahmen. Dabei wird die geschätzte, zu erwartende jährliche Gesamtkostenbelastung für einen Betrachtungszeitraum von 20 Jahren dargestellt. Neben den einmaligen Investitionskosten für Instandhaltung (Sowieso-Kosten) und energetische Optimierung (energieeffizienzbedingte Mehrkosten) werden die laufenden Betriebs-, Wartungs- und Energiekosten berücksichtigt. Auch in Frage kommende Fördermittel werden aufgeführt.

Konzept ersetzt keine Planung

Der individuelle Sanierungsfahrplan ersetzt keine Planung. Er vermittelt jedoch ein systematisches Konzept, das Ist-Zustand, Maßnahmenempfehlungen, Wirtschaftlichkeit, Energieeffizienz und Bauherrenwünsche miteinander verbindet. Der iSFP ist also ein gutes Hilfsmittel, um sowohl die Finanzierung als auch die Aufträge an ausführende Gewerke strategisch anzugehen.

Eigentümer haben damit eine solide Basis für ein zielgerichtetes weiteres Vorgehen. Und so verlockend es sein mag – es bringt langfristig nichts, einen iSFP erstellen zu lassen, die erste Maßnahme umzusetzen, umfangreiche Förderung mitzunehmen und den Fahrplan dann in die Schublade zu legen. Wenn die nächste Instandhaltung ansteht oder die gesetzlichen Anforderungen erhöht werden, sind die Berechnungen möglicherweise nicht mehr nutzbar, weil sich zentrale Basisdaten wie der Energieverbrauch verändert haben. Und die Kostenschätzungen sind durch Preisentwicklungen überholt. Dann heißt es von vorn anfangen. Das lässt sich vermeiden, indem der iSFP genutzt wird, um das Gebäude in einem überschaubaren Zeitraum Schritt für Schritt energetisch auf Vordermann zu bringen.

Sanierungsoptionen kennenlernen

Für das Gebäude kommen möglicherweise ein, zwei oder noch mehr energetische Maßnahmen in Frage. Um zu entscheiden, welche Sie wie und in welcher Reihenfolge umsetzen, ist es sinnvoll, sich mit allen Optionen zu beschäftigen, einzeln und auch im Blick auf ihr Zusammenspiel. Denn wenn in einem Gebäude ein Bauteil energetisch verbessert oder die Anlagentechnik verändert wird, wirkt sich das auf das Funktionieren des gesamten Gebildes aus.

Energieverluste reduzieren

Ältere Eigenheime, die vor 1980 errichtet wurden, haben oft einen erheblichen Wärmebedarf und entsprechenden Energieverbrauch. Beides lässt sich durch die Dämmung der Gebäudehülle deutlich verringern. Wer sein Haus Schritt für Schritt sanieren möchte, ist gut beraten, damit anzufangen.

Die Ertüchtigung der Gebäudehülle ist bei Bauherren nicht gerade beliebt: Komplexe Aufträge müssen vergeben werden, meist an unterschiedliche Gewerke. Die Umsetzung verursacht viel Aufwand und Kosten und beeinträchtigt die Bewohner über einen längeren Zeitraum. Angesichts solcher Hürden ist es verlockend, mit dem Heizungstausch zu beginnen. Diese Maßnahme ist übersichtlich und vergleichsweise einfach umsetzbar und wird zudem durch hohe Fördersummen angekurbelt. Nur: Die Heizung muss zum Gebäude passen. Solange die Hülle nicht gedämmt ist, muss die Heizung deutlich mehr leisten als irgendwann später nach der Dämmung. In der Zwischenzeit geht ein erklecklicher Teil der Raumwärme durch Wände, Dach und Fenster verloren. Wird umgekehrt zuerst die Gebäudehülle optimiert, so reduziert das die Verluste schon mal deutlich. In einem zweiten Schritt kann dann die Heizungserneuerung folgen, und zwar mit einem Wärmeerzeuger, der auf den verringerten Heizbedarf ausgelegt ist. Das reduziert die Investitionskosten und verbessert die Effizienz und die Lebensdauer der Anlage.

Die Gebäudehülle verbessern – das heißt dämmen. Je nach Bauteil, Konstruktion und gewünschtem energetischem Standard kommen dafür unterschiedliche Verfahren in Frage. Die grenzen dann die Auswahl unter den mittlerweile mehr als 100 Dämmstoffen deutlich ein, denn nicht jeder Dämmstoff ist für jede Anwendung geeignet.

Dämmeigenschaften

Bei allen Dämmmaßnahmen spielt der Wärmedurchgangskoeffizient, auch Transmissionswärmeverlust (U-Wert) genannt, eine wichtige Rolle. Er beziffert, wie viel Wärme bei einem Temperaturgefälle von einem Kelvin zwischen Außen- und Innenraum pro Quadratmeter verloren geht. Die Maßeinheit des U-Wertes ist W/(m^{2}K). Je kleiner der Wert ist, desto besser ist das Wärmedämmvermögen. Der U-Wert bezieht sich nicht auf einen einzelnen Baustoff, sondern auf das gesamte Bauteil. Sowohl Gesetze als auch Förderrichtlinien fordern bestimmte U-Werte.

Aufgabe der Planer ist es, zu berechnen, welche Dicke eines Dämmmaterials notwendig ist, um für ein Bauteil mit einem aktuellen U-Wert Y künftig den geforderten U-Wert Z zu erreichen. Die erforderliche Dämmstärke ist umso geringer, je geringer die **Wärmeleitfähigkeit λ (Lambda-Wert)** des Materials ist. Dieser Wert beschreibt die Wärmemenge, die pro Sekunde durch einen Stoff mit einer Dicke von einem Meter und einer Fläche von einem Quadratmeter bei einem Temperaturunterschied von einem Grad Kelvin fließen kann. Die Maßeinheit ist W/(m*K).

Geschossdecke dämmen

Die Dämmung der obersten Geschossdecke gegen unbeheizte Dachräume ist eine einfache, CO_2-relevante und in der Regel sehr wirtschaftliche Maßnahme. Und sie ist eine der wenigen Pflichten aus dem Gebäudeenergiegesetz, die nicht nur für Neubauten, sondern auch für Bestandsimmobilien gilt. Sie muss dann erfüllt werden, wenn das Gebäude vier Monate im Jahr mit mindestens 19 Grad beheizt wird und der Mindestwärmeschutz nicht eingehalten wird. Bei der Geschossdeckendämmung muss ein U-Wert von maximal 0,24 $W/(m^2K)$ erreicht werden. Langjährige Selbstnutzer sind zwar von dieser Nachrüstpflicht ausgenommen, aber die Geschossdeckendämmung ist auf jeden Fall eine sinnvolle Maßnahme, etwa wenn das Dach erst in ein paar Jahren erneuert und gedämmt werden soll.

Besonders einfach gestaltet sich die Dämmung bei massiven Betondecken, wie sie seit den 1960er Jahren vermehrt gebaut wurden: Das Dämmmaterial wird auf den Boden des Dachbodens gelegt, die Höhe in den Wohnräumen darunter bleibt damit erhalten. Für diese sogenannte Aufdeckendämmung kommen sowohl Platten als auch Matten in Frage, doch die allermeisten Materialien sind nicht begehbar. Selbst wenn das Dachgeschoss heute noch nicht als Lagerraum genutzt wird – diese Option sollte zumindest eröffnet werden. Entweder wird also die Dämmschicht mit Verlegeplatten abgedeckt oder es werden Verbundplatten mit einer begehbaren Oberseite verwendet. Eine Dampfsperre ist für die Aufdeckendämmung zwar nicht vorgeschrieben, kann aber bei einer begehbaren Abdeckung sinnvoll sein. Die Alternative ist, einen zweiten Boden zu konstruieren und den so entstandenen Hohlraum mit Einblas- oder Schüttdämmung zu füllen.

Im Altbau besteht die oberste Geschossdecke häufig aus einer Holzbalkendecke, die zum Dachboden mit Brettern belegt ist. Zwischen den Kehlbalken befindet sich meist ein Hohlraum. Er ist manchmal mit Asche, Schlacke oder Lehm gefüllt. In diesen Hohlraum werden Dämmstoffflocken oder Schüttungen eingebracht oder formbare Matten hineingedrückt. Um die maximale Dämmwirkung zu erzielen, ist es sinnvoll, zuvor die schlecht dämmende Schlacke etc. zu entfernen. Eine Dämmung zwischen den Balken lässt sich auch mit einer Aufdeckendämmung kombinieren.

Dach dämmen

Wurde die oberste Geschossdecke ordnungsgemäß gedämmt und bleibt das Dachgeschoss unbeheizt, dann ist eine Dämmung der Dachflächen zu diesem unbeheizten Raum hin nicht vorgeschrieben. Sie wäre auch weniger wirksam, aufwendiger und deutlich teurer.

Wenn zu einem späteren Zeitpunkt mehr als 10 Prozent der Dachfläche verändert werden – etwa für eine Neueindeckung –, dann müssen die Dachflächen gedämmt werden, die an beheizte Wohnräume grenzen. Das betrifft also beispielsweise die Flanken eines Mansarddaches. Der künftige U-Wert darf nach dem Gebäudeenergiegesetz maximal 0,24 W/m^2K betragen. Die nachträgliche Dämmung dieser Bereiche muss sorgfältig an die Dämmung der obersten Geschossdecke angebunden werden.

Wenn allerdings neuer Wohnraum geschaffen und ein bislang unbeheizter Raum künftig beheizt werden soll, dann ist die Dämmung aller umschließenden Dachflächen Pflicht. Bei Steildächern kann die Dämmung auf, unter oder zwischen den Sparren erfolgen. Ist die Eindeckung intakt und die Statik der Sparren ausreichend, bietet es sich an, die Dämmarbeiten von innen auszuführen. Dafür wird bevorzugt der Platz zwischen den Sparren genutzt. Er kann mit passgenau zugeschnittenen Dämmmatten oder mit einer Einblasdämmung gefüllt werden. Den raumseitigen Abschluss bildet eine Dampfbremse. Zusätzlich zur Zwischensparrendämmung kann unterhalb der Sparren und der Dampfsperre eine zweite Dämmschicht eingebaut werden. Das ist notwendig, wenn durch die Zwischensparrendämmung allein der geforderte U-Wert nicht erreicht wird. In allen anderen Fällen ist es eine sinnvolle Kür: Die zweite Ebene kann durchgängig, also über die Sparren hinweg, installiert werden und reduziert damit die Wirkung der Sparren als Wärmebrücken. Zur Ausführung bieten sich stabile Dämmplatten oder auch Verbundplatten an. Ist das Dachgeschoss ausgebaut, dann muss zwangsläufig von außen gedämmt werden.

Noch ganz dicht?

Eine Dampfbremse oder Dampfsperre sorgt dafür, dass keine warmfeuchte Raumluft in die Dämmung eindringen und ihre Wirkung beeinträchtigen oder auch Schimmelbildung befördern kann. Eine Dampfbremse ist diffusionshemmend, lässt also geringe Mengen Feuchte durch. Die Dampfsperre hingegen ist komplett wasserdampfdicht.

Vor allem bei der Dachdämmung ist diese Folie ein wichtiger Bestandteil. Sie wird auf der warmen Raumseite angebracht. Ganz wichtig ist, dass die Folie unbeschädigt und luftdicht verklebt ist. Auch die Anschlüsse von Lichtschaltern und Steckdosen, Türen und Fenstern müssen absolut dicht sein.

Fassade dämmen

Eine der wirksamsten energetischen Maßnahmen ist die Dämmung der Fassade. Sie hat eine große Oberfläche, durch die besonders viel Wärme verloren gehen kann. Genau wie für Dachflächen schreibt das Gebäudeenergiegesetz einen maximalen U-Wert von 0,24 W/m^{2}K vor. Dabei sollten möglichst alle Fassadenteile in einem Arbeitsgang gedämmt werden. Bauliche Anschlüsse bergen immer Risiken. Zwingende Voraussetzung für alle Varianten der Fassadendämmung ist ein intaktes und tragfähiges Mauerwerk.

Bei einschaligem Mauerwerk ist das am weitesten verbreitete Verfahren ein **Wärmedämmverbundsystem** (WDVS). Der Dämmstoff wird in Form von Platten von außen auf den bestehenden Untergrund geklebt und gedübelt. Dabei müssen die Platten nahtlos aneinanderstoßen. Anschließend wird ein Armierungsmörtel (Unterputz) mit einem Gewebe aus Glasfaser aufgetragen. Diese Schicht dient dazu, Risse zu vermeiden. Den Abschluss bildet der Außenputz (Oberputz). Alle WDVS-Komponenten müssen aufeinander abgestimmt und als Gesamtsystem geprüft sein. Damit ist sichergestellt, dass der Dampfdiffusionswiderstand nach außen hin abnimmt, die anfallende Feuchte also gut nach außen abgeführt werden kann.

Eine aufwendigere und damit teurere Alternative ist eine vorgehängte, hinterlüftete Fassade – auch **Vorhangfassade** genannt. Zunächst wird ein Gerippe aus Kanthölzern und eventuell Aluminiumprofilen auf der tragenden Außenwand befestigt. Zwischen die Lattungen kommen lückenlos Dämmstoffplatten oder -matten. Auf der ausgefüllten Unterkonstruktion wird eine geschlossene Winddichtungsschicht zum Beispiel aus Holzfaserplatten montiert. Eine zweite Lattenkonstruktion bildet den Unterbau für die nach außen sichtbare Verblendung und sorgt zugleich dafür, dass zwischen Verblendung und Winddichtungsschicht eine durchgängige Luftschicht bleibt. Zur Verkleidung sind Holz, Klinker, Naturstein, Feinkeramik, Aluminium oder auch Schiefer gut geeignet.

Sowohl beim Wärmedämmverbundsystem als auch bei einer vorgehängten Fassade sollten Sie nicht am Dämmmaterial sparen. Der Arbeitsaufwand und damit auch der Arbeitslohn ist der gleiche, die Wirkung jedoch erheblich höher. Und die zusätzlichen Dämmstoffkosten halten sich in Grenzen.

Bei zweischaligem Mauerwerk ist die nachträgliche **Kerndämmung** die Methode der Wahl. Voraussetzung ist ein Zwischenraum zwischen den Mauerschalen von mindestens vier bis fünf Zentimetern. Durch Bohrungen in der Außenwand wird mit Spezialgeräten wasserabweisendes Dämmmaterial in diesen Hohlraum eingeblasen und so verdichtet, dass es die Hohlschicht lückenlos ausfüllt. Die Kerndämmung ist vergleichsweise günstig. Auch bleibt das äußere Erscheinungsbild gewahrt. Allerdings ist der energetische Effekt aufgrund der geringen Schichtdicke gering. Bei einer Kerndämmung sind die Anforderungen des Gebäudeenergiegesetzes erfüllt, wenn ein Dämmstoff der Wärmeleitfähigkeit 0,045 W/(m*K) eingebracht wird. Dieses Verfahren darf nur von Firmen ausgeführt werden, die beim Deutschen Institut für Bautechnik in Berlin gelistet sind. Eine Kerndämmung kann durch eine Außendämmung ergänzt werden.

Durch die Entscheidung für eines der drei Dämmverfahren wird die Auswahl des Dämmmaterials eingeschränkt (siehe Formular C „Dämmmaterialien" im Anhang).

Achtung, Wärmebrücken!

Überall, wo die thermische Hülle des Gebäudes durch Materialien mit hoher Wärmeleitfähigkeit durchbrochen ist – an den sogenannten Wärmebrücken – fließt die Wärme deutlich schneller ab. Die Folge sind nicht nur hohe Energieverluste. Wo Wärme entweicht, kühlt die Oberfläche der Innenwand ab. Wenn die warme Raumluft auf diese Bereiche trifft, erhöht sich die relative Feuchte auf der Oberfläche und kann Schimmel oder Schäden an der Bausubstanz verursachen.

Typische konstruktiv bedingte Wärmebrücken entstehen an massiven Bauteilanschlüssen, beispielsweise an auskragenden Stahlbetonplatten von Balkonen, gemauerten Brüstungen und Vordächern. Kritisch sind auch Verankerungen der Balkongeländer, Regenrinnen und Fallrohre sowie Halterungen der Außenleuchten. Um Wärmebrücken zu vermeiden, bieten Hersteller Systemlösungen an. Achten Sie im Angebot der Fachfirma darauf, dass solche Komponenten berücksichtigt sind.

Innendämmung

Bei denkmalgeschützten Häusern, älteren Gebäuden mit Sichtfachwerk oder regionaltypischer Fassadengestaltung soll oder darf das Äußere des Gebäudes in der Regel nicht verändert werden. Dort, aber auch bei Grenzbebauungen bleibt oft die Innendämmung als einzig praktikable Lösung. Sie hat einige Vorteile: Räume können neu gestaltet werden, schrittweises Vorgehen ist möglich und Gerüstkosten fallen weg. Allerdings geht wertvoller Wohnraum verloren. Die Bewohner werden durch die Baumaßnahme erheblich beeinträchtigt. Und: Falsch ausgeführt, kann eine Innendämmung zu Feuchteschäden führen. Unabdingbare Voraussetzung einer Innenraumdämmung ist eine trockene Außenwand.

Eine Variante ist, raumseits ein Schienensystem oder eine Unterkonstruktion frei vor die Außenwand zu stellen oder auch punktuell an ihr zu befestigen. Dazwischen kommt die Dämmung. Darauf wird lückenlos eine durchgehende Dampfbremse ver-

NUTZUNGSHINWEIS

Formular C: Dämmmaterialien

Unsere Tabelle hilft Ihnen bei der Entscheidung für einen Dämmstoff. Nicht jedes Material und jede Verarbeitungsform ist für jeden Einsatzzweck zugelassen und geeignet. Ein weiteres wichtiges Auswahl-Kriterium ist die Wärmeleitfähigkeit λ in W/(mK) (siehe Erläuterung zur „Wärmeleitfähigkeit", S. 34). Und natürlich müssen auch die Kosten bedacht werden. Bei der konkreten Produktauswahl sollten Sie dann auch Qualitätszeichen wie das RAL-Gütezeichen, den Blauen Engel oder Natureplus im Blick haben.

klebt. Zuoberst werden meist Gipsfaser- oder Gipskartonplatten montiert. Alternativ kommen Verbundplatten zum Einsatz. Eher selten wird die Wand raumseits mit gut dämmenden Porensteinen aufgemauert.

Wenn nur die Innenseite der Außenwand gedämmt wird, wird jede Geschossdecke und jede Zwischenwand, die im Winkel auf eine Außenwand läuft, zur Wärmebrücke. Das Risiko von Schimmelbildung lässt sich reduzieren, indem die Dämmung samt Dampfsperre über die Raumecken hinweg geführt wird und aus optischen Gründen dann keilförmig an den Zwischenwänden und -decken ausläuft.

Gebäudesockel und Keller

Ein kritischer Bereich für nachträgliche Fassadendämmungen ist der Gebäudesockel. In der Regel wird hausumlaufend eine horizontale Metallschiene montiert – die Unterkante des Wärmeverbundsystems oder der Vorhangfassade. Bleibt der Sockelbereich ungedämmt, dann entsteht hier eine Wärmebrücke.

Die bauphysikalisch sicherste Lösung ist, das Gebäude rundherum bis in den Bereich der Betonsohle aufzugraben, die Kellerwand mit einem wasserundurchlässigen Bitumenanstrich zu versehen und darauf Perimeterdämmplatten zum Beispiel aus XPS oder Schaumglas zu kleben. Ganz wichtig ist der lückenlose Anschluss zur Fassadendämmung.

Wird der Keller zu Wohnzwecken genutzt, dann ist die Dämmung der Außenwände unverzichtbar. Sind die Kellerwände trocken, kann die Dämmung notfalls auch von innen erfolgen.

Ist der Keller unbeheizt, kann er gegen die beheizten Wohnräume im Erdgeschoss abgeschirmt werden, indem von unten Dämmplatten an die Kellerdecke gedübelt oder geklebt werden. Die Gefahr von Wärmebrücken lässt sich durch Flankendämmung von innen verringern. Im Idealfall beginnt die Fassadendämmung bei dieser Variante außen möglichst weit unterhalb der Kellerdecke. Sowohl für die Perimeterdämmung als auch für die Dämmung der Kellerwände und der Kellerdecke schreibt das Gebäudeenergiegesetz einen maximalen U-Wert von 0,30 W/m²K vor.

Fenster und Türen tauschen

Sowohl unter praktischen als auch unter energetischen und bautechnischen Gesichtspunkten spricht alles dafür, Fassade, Fenster und Außentüren zusammen in Angriff zu nehmen. Der Großteil der Arbeiten wird dank des ohnehin aufgebauten Gerüstes von außen erledigt. Dabei rücken die Fenster und Türen so weit nach außen, dass sie bündig mit der alten Außenwand abschließen. So kann die Dämmung der Fassade den Fensterrahmen um ein paar Zentimeter überdecken. Ist ein bündiger Fenstereinbau nicht möglich, dann entstehen in den Laibungen – also den seitlichen senkrechten Flächen sowie dem horizontalen Sturz im Bereich der Fensteröffnung – bauphysikalisch gesehen Schwachstellen. Hier sollte eine mindestens drei Zentimeter dicke Dämmschicht aus einem Material mit möglichst kleiner Wärmeleitzahl angebracht werden.

Werden mehr als 10 Prozent der Fensterflächen ausgetauscht, dann müssen die Vorgaben des Gebäudeenergiegesetzes erfüllt werden. Hier müssen Sie genau hinschauen. Die Fenstertechnik unterscheidet zwischen drei U-Werten – dem U_f-Wert für den Fensterrahmen (f = frame), dem U_g-Wert für die Verglasung (g=glazing) und dem U_w-Wert für das gesamte Fenster (w=window). Der U_w-Wert ist der entscheidende. Er darf höchstens 1,30 W/(m^{2}K) betragen, bei Dachflächenfenstern höchstens 1,40 W/(m^{2}K).

Fenster mit einer Zweifach-Wärmeschutzverglasung erreichen einen U_w-Wert von 1,1 bis 1,7 W/m^{2}K. Die beiden Scheiben sind mit einem Abstand von ein bis zwei Zentimeter hintereinander in einen Rahmen eingebaut, dazwischen befindet sich ein Edelgas. Das hat eine deutlich stärkere Isolierwirkung als Luft. Die nach außen gerichtete innere Scheibe ist zusätzlich mit einer unsichtbaren Metallbeschichtung bedampft. Sie lässt kurzwellige Sonnenlichtstrahlen in den Raum eindringen und reflektiert die langwelligeren Wärmestrahlen zurück ins Rauminnere. Deutlich besseren Wärmeschutz bietet Dreischeiben-Wärmeschutzverglasung durch zwei mit Edelgas gefüllte Scheibenzwischenräume. Sie kann sogar einen U_g-Wert von 0,5 W/m^{2}K erzielen.

Fenster mit Zweischeiben- und Dreischeiben-Wärmeschutz unterscheiden sich in der Tiefe und im Aufbau der Fensterrahmen. Diese können aus Kunststoff, Holz, Aluminium oder einem Holz-Aluminium-Verbundsystem bestehen. Pflegeleichte und vergleichsweise günstige **Kunststoffrahmen** haben aktuell einen Marktanteil von knapp 60 Prozent. In der Regel sind Aluminiumprofile eingearbeitet und mit Luftkammersystemen ummantelt. Das erhöht die Stabilität, die Sicherheit, die Energieeffizienz und den Schallschutz. Nachteilig ist die schlechte Ökobilanz. Umweltverträglichere Kunststoffe, die besser recycelt werden können, kommen erst nach und nach auf den Markt. Klassische **Holzrahmen** mit natürlicher Optik und günstiger Umweltbilanz verlangen mehr Pflege und Wartung und sind teurer in der Anschaffung. Auch bei Holzfenstern werden die Profile oft mit Luftkammern und / oder mit Dämmkernen zum Beispiel aus Kork versehen, um die Wärmedämmeigenschaften zu verbessern. **Aluminiumrahmen** sind langlebig, witterungsstabil und nahezu wartungsfrei. Sie punkten mit gutem Einbruchschutz und geringem Gewicht. Durch eine thermische Trennung werden sehr gute Dämmwerte erreicht. Allerdings wird zur Herstellung sehr viel Energie verbraucht. Und: Die aufwendige Produktion schlägt sich im Anschaffungspreis nieder. Bei sogenannten **Verbundfensterrahmen** werden zwei Materialien miteinander kombiniert. So vermittelt beispielsweise ein Holzrahmen raumseitig ein wohnliches Ambiente. Auf der Außenseite ist er mit Aluminium verschalt und damit vor Witterungseinflüssen geschützt. Hochwertige Verbundfenster sind so konstruiert, dass die Verschalung hinterlüftet ist und kein Kondenswasser den Rahmen angreifen kann.

Für die Fensterauswahl spielen neben U-Wert, Konstruktionsform und Material noch weitere Aspekte eine Rolle:

➔ Der Gesamtenergiedurchlassgrad (g-Wert) gibt an, welcher Anteil der Energie aus der Sonnenstrahlung, die auf das Fenster trifft, in den Wohnraum gelangt und diesen erwärmt.

➔ Der Lichttransmissionsgrad tL bezeichnet den prozentualen Anteil des sichtbaren

Lichtes, der durch die Verglasung hindurchgeht, ist also ein Maß für die Helligkeit im Raum.

➔ Die Schallschutzklasse gibt an, wie viel störenden Außenlärm das Fenster abhält.

➔ Die Widerstandsklasse („resistance class" – RC) beschreibt die einbruchhemmende Wirkung von Rahmen, Beschlag und Verglasung. Für Wohngebäude rät die Polizei zu RC-2-Fenstern.

Moderne, gut gedämmte Fenster sind weitgehend luftdicht. Also muss künftig kontrolliert nach Bedarf gelüftet werden. Integrierte Falzlüfter gewährleisten den notwendigen Mindestluftaustausch, auch wenn die Bewohner unterwegs sind. Es gibt auch diverse halbautomatische oder automatische Lüftungssysteme. Werden mehr als ein Drittel der Fenster im Gebäude ausgetauscht, muss ein Experte ein Lüftungskonzept nach den Vorgaben von DIN 1946–6 erstellen.

Je nach Einbausituation sind weitere Zusatzausstattungen sinnvoll oder gar notwendig – etwa Sonnenschutz an größeren Süd-, Ost- oder Westflächen, komfortable Fliegengitter in Küche und Schlafzimmer, Sichtschutz bei gut einsehbaren Bädern.

Durch luftdichten Einbau der Fenster werden Feuchteschäden am Rahmen und das unkontrollierte Entweichen von warmer Raumluft nach außen vermieden. Auch für optimalen Schallschutz ist die Abdichtung essenziell. Fenster sollten immer in einer inneren und einer äußeren Ebene abgedichtet sein. Die Anschlussfuge zwischen Fensterrahmen und Mauerwerk wird mit vorkomprimierten Fugendichtungsbändern verfüllt und von außen mit der Fassaden- beziehungsweise der Laibungsdämmung überdeckt.

Für die Hauseingangstür und andere Außentüren gelten im Prinzip dieselben Kriterien wie für die Fenstererneuerung. Über die energetische Qualität der gesamten Haustür gibt der U_d-Wert (d= door) Auskunft. Er darf laut Gebäudeenergiegesetz maximal 1,8 W/(m^{2}K) betragen.

Jeder Türentausch ist eine Chance, ebene und schwellenfreie Übergänge zu schaffen. Auch Schmutzfanggitter und Sauberlaufzonen sowie eventuell eine Entwässerungsrinne können bündig in den Boden eingelassen werden. Besondere Beachtung verdient die einwandfreie Abdichtung der Türsysteme. Sie verhindert das Eindringen von kalter Außenluft, aber auch von Wasser und Schnee.

Anlagentechnik optimieren

Durch ungedämmte Anlagenteile in unbeheizten Räumen geht mancherorts viel Heizenergie verloren. Dabei ist die Dämmung von Heizungs- und Warmwasserleitungen sowie von Armaturen in solchen Bereichen des Hauses Pflicht, wenn diese zugänglich sind. Auch langjährige Selbstnutzer, die von dieser Pflicht ausgenommen sind, tun gut daran, die Isolierungen vorzunehmen. Die Dämmung lässt sich mit vorkonfektionierten Dämmschalen für kleines Geld und mit wenig Aufwand durchführen.

Weitere wichtige Beiträge zur Optimierung einer bestehenden Anlage sind der hydraulische Abgleich inklusive der Einstellung der Heizkurve, der Austausch von Heizungspumpen sowie die Anpassung der Vorlauftemperatur und der Pumpenleistung, der Einbau von Flächenheizungen, von Niedertemperaturheizkörpern und von Wärmespeichern im Gebäude oder gebäudenah (auf dem Gebäudegrundstück) sowie von Mess-, Steuer- und Regelungstechnik. Für all diese Maßnahmen gibt es Geld vom Staat (siehe „Fördermöglichkeiten und Steuervorteile", ab S. 63).

Energieversorgung neu organisieren

Die Novelle des Gebäudeenergiegesetzes (GEG) – umgangssprachlich „Heizungsgesetz" – und andere Gesetze haben für Eigentümer neue Vorgaben und große Verunsicherung mit sich gebracht. Umso wichtiger ist es, sich sachlich mit der Vielzahl der Möglichkeiten für Wohngebäude zu befassen.

Es geht hierbei nicht nur um den Ersatz der alten Gas- oder Ölheizung durch einen Wärmeerzeuger, der mit einem möglichst hohen Anteil an regenerativen oder CO_2-neutralen Energiequellen betrieben wird. Wichtig ist das Zusammenspiel der gesamten Haustechnik.

Heizungserneuerung

Das GEG beinhaltet keine generelle Austauschpflicht für Heizungen. Aber mit der im Januar 2024 in Kraft getretenen Gesetzesnovelle gibt es nun einen Fahrplan, wonach künftig möglichst jede neu eingebaute Heizung zu mindestens 65 Prozent mit erneuerbaren Energien betrieben werden muss. Das gilt, sobald es vor Ort einen kommunalen Wärmeplan gibt. Aus diesem können Eigentümer erkennen, ob die Kommune für den Standort des Hauses künftig eine klimaneutrale Fernwärmeversorgung plant oder ob sie sich selbst um einen eigenen Wärmeerzeuger kümmern müssen. Einen solchen Wärmeplan müssen die Städte und Gemeinden bis spätestens 28. Juni 2026 (ab 100 000 Einwohner) beziehungsweise 28. Juni 2028 (bis zu 100 000 Einwohner) veröffentlichen. Jede Heizung, die ab einem Monat nach Vorlage dieses Plans neu installiert wird, muss die 65-Prozent-EE-Pflicht erfüllen.

Diese Technologien sind künftig erlaubt

- → Anschluss an ein Fern- oder Gebäudewärmenetz
- → Elektrisch betriebene Wärmepumpe
- → Biomasseheizung
- → Solarthermieanlage
- → Hybrid-Heizung mit Wärmepumpe oder Solarthermie
- → Gasheizung, die nachweislich erneuerbare Gase nutzt oder auf Wasserstoff umrüstbar ist
- → Stromdirektheizung

Fernwärme wird in Heizkraftwerken und Blockheizkraftwerken erzeugt. Dort entsteht bei der Stromerzeugung Abwärme. Die geht auf ein Wärmeträgermedium über, gelangt über Rohrleitungen in die Haushalte und versorgt sie mit Raumwärme und Warmwasser. Den Löwenanteil unter den Brennstoffen, die in den Kraftwerken verarbeitet werden, machen nach wie vor fossile Brennstoffe aus. Doch erneuerbare Energien gewinnen zusehends an Bedeutung. An dieser Energiewende auf der Versorgerseite partizipieren alle Abnehmer der Fernwärme ohne eigenes Zutun. Zudem erfordert der

NUTZUNGSHINWEIS

Formular D: Heizungstechnologien

In unserer Checkliste finden Sie die Vor- und Nachteile der unterschiedlichen Technologien im Überblick. Außerdem erfahren Sie, welche Voraussetzungen im Gebäude notwendig sind und mit welchen Investitionskosten Sie rechnen müssen. Anhand dieser Übersicht können Sie vermutlich einzelne Systeme ausschließen. Alles Weitere sollten Sie mit dem Energieberater erörtern.

Wechsel zur Fernwärme nur geringen baulichen Aufwand.

Es gibt jedoch auch einige Nachteile zu bedenken: Jedes Netz wird nur von einem einzigen Versorger bedient. Verbraucher, die sich auf diese Monopolstruktur einlassen, sind darin weitgehend gefangen. Zudem ist Fernwärme nicht überall verfügbar. Aktuell versorgen rund 3 800 Fernwärmenetze etwa sechs Millionen Haushalte – also 14 Prozent aller Anschlüsse – vor allem in den neuen Ländern und in Ballungszentren. Wo genau das Netz in den kommenden Jahren aus- und umgebaut wird, ist noch weitgehend unklar. Auskunft über die Anschlussfähigkeit Ihres Gebäudes und über Planungen zum Netzausbau erteilt das kommunale Bauamt.

Wärmepumpen gelten als tragende Säule der Energiewende im Gebäudebereich. Sie zeichnen sich durch niedrige Betriebskosten, geringe Umweltbelastung und wachsende Unabhängigkeit von fossilen Brennstoffen aus. Rund 1,5 Millionen Wärmepumpen waren Ende 2023 hierzulande in Betrieb, vorrangig in Neubauten und zunehmend auch im Bestand.

Eine Wärmepumpe funktioniert wie ein Kühlschrank nach dem Prinzip des sogenannten Kältemittelkreislaufs, nur in umgekehrter Richtung: Sie entzieht dem Außenbereich Wärme, wandelt sie durch einen physikalischen Prozess in Heizenergie um und gibt sie an das Gebäude ab. In das System ist meist ein elektrischer Heizstab integriert. Er springt ein, wenn im Haus mehr Wärme angefordert wird, als die Wärmepumpe gerade liefert. Als Wärmequelle dient das Erdreich, das Grundwasser oder die Umgebungsluft.

In einer Tiefe von etwa 20 Metern hat das Erdreich in unseren Breiten eine konstante Temperatur von um die 10 Grad. Dieses Energiepotenzial nutzen **Erdwärmepumpen** – auch **Sole/Wasser-Wärmepumpen** genannt. Die Erdwärme kann über Sondensysteme erschlossen werden. Dafür sind eine oder mehrere vertikale Bohrungen von üblicherweise bis 100 Meter Tiefe notwendig. Alternativ wird das Erdreich ein bis zwei Meter tief abgetragen, dann kommen Flächenkollektoren oder Erdkörbe horizontal in den Boden. Sie beanspruchen in der Regel eine Fläche, die eineinhalb- bis zweimal so groß ist wie die zu beheizende Wohnfläche. Diese oberflächennahe Erschließung ist deutlich kostengünstiger als die Erschließung durch Bohrungen. Jedoch ist die Temperatur in den oberen Bodenschichten weniger konstant und während eines großen Teils der Heizperiode drei bis fünf Grad kühler als in der Tiefe einer Erdwärmesonde. Dadurch sind Sole-Wärmepumpen dieser Ausführung etwa zehn Prozent weniger effektiv als Sondensysteme, so die Einschätzung des Bundesverbandes Geothermie.

Genau wie das Erdreich kann auch das Grundwasser konstante Wärme mit ausreichend hohen Temperaturen liefern. Dazu wird es über einen Förderbrunnen (auch Saugbrunnen genannt) an die Erdoberfläche gepumpt. Dort gibt es seine Wärmeenergie ab und wird über den Schluckbrunnen zurück ins Erdreich geführt. Eine **Grundwasser-Wärmepumpe** – auch Wasser-Wasser-

Wärmepumpe genannt – erfordert damit immer zwei Bohrungen. Der Aufwand gleicht dem der Sondenbohrungen. Zugleich wird mehr Platz auf dem Grundstück beansprucht. Die Effizienz dieser Bauweise ist meist etwas höher als bei Erdwärmepumpen. Doch die ebenfalls höheren Investitionskosten zusammen mit dem etwas größeren Wartungsaufwand rechnen sich nur bei größeren Anlagen. Grundwasser-Wärmpumpen sind in der Regel anzeige- und genehmigungspflichtig. Oft wird ein Gutachten eines privaten Sachverständigen der Wasserwirtschaft verlangt. Auskunft erteilt die Untere Wasserschutzbehörde. Insgesamt spielt diese Bauweise eine marginale Rolle unter den Heizungswärmepumpen.

Erd- und Grundwasser-Wärmepumpen eignen sich nicht nur zum Heizen. Bei einigen Modellen ist der Kältekreis umkehrbar, sodass sie aktiv kühlen können. Im Sommer nimmt die Wärmepumpe Raumwärme auf und gibt sie außerhalb des Gebäudes an die Umgebung ab. Diese reversible Funktionsweise funktioniert nur mit Fußboden-, Wand- oder Deckenheizungen. Gängige Heizkörper bekommen beim Kühlen eine zu kalte Oberfläche und fangen an zu „schwitzen".

Luft/Wasser-Wärmepumpen machen bei Weitem den größten Anteil unter den Heizungswärmepumpen aus. Ihre Installation ist deutlich weniger aufwendig und kostengünstiger als die Erschließung von Erdwärme oder Grundwasser. Zudem sind keine Genehmigungen erforderlich. Bei dieser Bauweise saugt ein eingebauter Ventilator die Umgebungsluft an. Luft/Wasser-Wärmepumpen gibt es in unterschiedlichen Ausführungen. Bei Monoblock-Geräten befinden sich alle für die Wärmegewinnung wichtigen Komponenten inklusive dem Kältemittelkreislauf innerhalb der Wärmepumpe. Ein solches Gerät kann im Freien oder auch im Gebäude platziert werden. Bei Split-Modellen sind die Anlagenkomponenten auf eine Außen- und eine Inneneinheit verteilt. Die Verbindung muss ein Kältemittelfachmann herstellen. Die Installation eines Split-Geräts ist damit etwas aufwendiger, also auch teurer als die eines Monoblock-Gerätes, bringt jedoch viel Flexibilität in punkto Platzierung, aber auch bei den Leistungsklassen. Im Vergleich zu erdgekoppelten Wärmepumpen arbeiten alle Luft/Wasser-Wärmepumpen weniger effizient, weil die Umgebungsluft nicht ganzjährig konstant ist. Außerdem verursachen die großen Ventilatoren Geräusche, die von Bewohnern, aber auch von Nachbarn als störend empfunden werden können. Das Thema Schallschutz muss in der Planung sorgfältig berücksichtigt werden. Der zulässige Lautstärkepegel ist durch das Bundes-Immissionsschutzgesetz, genauer gesagt, die Technische Anleitung zum Schutz gegen Lärm (TA Lärm), geregelt. Oft lassen sich Störwirkungen durch einen geeigneten Aufstellort oder durch Hilfsmittel wie Schallschutzhauben oder Gummi-Puffer am Boden deutlich verringern.

Je weniger Strom eine Wärmepumpe für den Antrieb benötigt, umso effizienter arbeitet sie. Moderne Anlagen können aus einer Kilowattstunde Strom und drei Kilowattstunden Erd-, Grundwasser- oder Umgebungsluftwärme vier Kilowattstunden Wärme produzieren. Die erzeugte Wärmemenge im Verhältnis zur eingesetzten elektrischen Energie beschreibt die Jahresarbeitszahl (JAZ). Je höher sie ist, umso besser. Voraussetzung für staatliche Fördermittel ist in Bestandsgebäuden eine Jahresarbeitszahl von 3,0.

Neben der Leistungsfähigkeit der Anlage bestimmt der notwendige Temperaturhub die Effizienz der Wärmepumpe. Die Ausgangstemperatur wird durch die Wahl der Wärmequelle und – bei Bohrungen – durch die Tiefe der Sonde oder des Brunnens definiert. Je höher und konstanter die Temperatur der Energiequelle ist, umso besser. Die Endtemperatur, also die Vorlauftemperatur der Heizung, wird durch die baulichen Gegebenheiten bedingt. Ideal ist eine Vorlauftemperatur von 30 bis 40 Grad Celsius. In einem Neubau mit Niedrigenergiestandard ist das kein Thema, in der Bestandsimmobilie möglicherweise nur durch den Austausch einzelner Heizkörper gegen solche mit größeren Flächen oder durch energetische Verbesserungen der Gebäudehülle – also die Verringerung des Wärmebedarfs – machbar.

Effizienz der Wärmepumpe

- → Bei der Dimensionierung der Wärmequelle – etwa bei einzelnen Bohrmetern für eine Erdwärmepumpe – zu knausern, lohnt sich nicht. Ist die Wärmequelle zu klein geplant, muss unnötig oft der elektrische Heizstab einspringen.
- → Eine gute Wahl ist ein Gerät mit Invertertechnik. Solche Geräte laufen bei geringem Heizwärmebedarf mit verringerter Leistung. Das spart Energie und erhöht die Lebensdauer.
- → Mit einem eingebauten Wärmemengenzähler lässt sich kontrollieren, wie effizient die Anlage läuft und ob die Jahresarbeitszahl den Erwartungen entspricht. Bei Bedarf muss der Installateur nachsteuern.

Die Antriebsenergie ist die potenzielle ökologische Schwachstelle jeder Wärmepumpe. Kohle- oder Atomstrom verschlechtern die Ökobilanz des gesamten Systems erheblich. Eine nachhaltige Option ist die Wahl eines Ökostrom-Anbieters. Einzelne Versorger bieten spezielle Wärmepumpenstromtarife, auch Heizstromtarife genannt. Die kann jedoch nur nutzen, wer den Verbrauch der Heizung und den Allgemeinstrom für das Gebäude über zwei getrennte Zähler erfasst.

Auch eine Photovoltaikanlage auf dem eigenen Dach kann erneuerbaren Strom für den Antrieb der Wärmepumpe beisteuern (siehe „Photovoltaik“, S. 49). Das erhöht zudem die Rendite der Solaranlage. Schließlich ist der Eigenverbrauch lukrativer als die Einspeisung ins Netz. Zur Steuerung des Stromflusses zur Heizung, den Haushaltsgeräten und ins Netz wird ein Energiemanagementsystem eingebunden.

Ein weiterer Beitrag zum Klimaschutz ist die bewusste Wahl des Kältemittels. Das kann nämlich im Laufe der Zeit oder bei der Befüllung aus dem System austreten. Einzelne Chemikalien verstärken den Treibhauseffekt in der Atmosphäre, beschleunigen also die Erderwärmung. Auf den technischen Datenblättern müssen die Hersteller das Erderwärmungspotenzial (GWP für „Global Warming Potential“) ausweisen. Je geringer dieser Wert ist, umso geringer die klimaschädliche Wirkung.

Biomasseheizungen können das gesamte Gebäude mit Wärme für Heizung und Brauchwasser versorgen. In kleinen und mittleren Wohngebäuden werden sie vorrangig mit zylinder- oder stäbchenförmigen Pellets aus Holzresten und -abfällen betrieben. Die Pelletheizung zählt zu den umweltfreundlicheren Heizungen. Der heimische Rohstoff Holz wächst nach, der Energieaufwand bei der Pelletproduktion ist gering, der CO_2-Ausstoß ist mit 40 g/kWh deutlich niedriger als bei einer Gasheizung (240 g/kWh).

Die drei zentralen Komponenten einer Pelletheizung sind ein Lagerraum oder Vorratsbehälter, der Kessel und die Verbindung zwischen diesen beiden Anlagenteilen, nämlich das Austragsystem. Nur wenn diese drei Elemente aufeinander abstimmt sind, läuft die Heizung störungsfrei.

Ideal für die Pelletlagerung ist ein an den Heizungsraum grenzender Raum mit massiven, trockenen Wänden und Boden. Alternativ wird ein Lagerungsbehälter – ein Gewebesilo, ein Kunststoff- oder Metallbehälter – direkt neben der Heizungsanlage platziert, ein Nebengebäude genutzt oder ein erdvergrabenes Lager etwa aus Beton oder Kunststoff errichtet. Der Wärmebedarf des Gebäudes bestimmt das Lagervolumen. Im Idealfall wird eine Jahresbrennstoffmenge bevorratet, um die Zahl der Anlieferungen gering zu halten. Egal ob Lagerraum oder Behälter – die Entfernung zwischen dem Befüllanschluss und der späteren Haltemöglichkeit des Silofahrzeugs sollte nicht mehr als 30 Meter betragen.

Der Pelletkessel kann den Platz des alten Gas- oder Ölkessels im Keller einnehmen. Im Idealfall grenzt der Heizraum an die Außenmauer des Hauses, sodass direkt Verbrennungsluft zum Kessel zugeführt werden kann. Seine Nennleistung muss an den Heizbedarf des Hauses angepasst sein. Planungsgrundlage ist der Gebäudeenergieausweis oder – besser noch – eine aktuelle Wärmebedarfsrechnung. Ein Pufferspeicher entspannt die Lage, auch bei nachträglich deutlich verringertem Wärmebedarf.

Weitverbreitet sind Pelletheizungen mit vollautomatischem Austragsystem: Die Pellets werden über eine Förderschnecke oder ein Saugsystem vom Lagerraum oder -behälter in den Brennraum des Kessels transportiert. Die Befüllung richtet sich nach dem Bedarf und wird durch eine mikroprozessorgesteuerte Regelung an die Kesselleistung angepasst. Ist der Brennraum beschickt, startet ein automatischer Zündvorgang die Verbrennung. Die Presslinge werden bei rund 1000 Grad Celsius nahezu rückstandsfrei verbrannt. Die entstandene Hitze erwärmt den integrierten Wärmetauscher, der die Wärme an den Heizkreislauf weiterleitet.

Die Klimafreundlichkeit einer Pelletheizung hängt maßgeblich von zwei Faktoren ab: Zum einen sollten nur nachhaltig erzeugte Pellets verbrannt werden. Erkennbar sind sie an dem Qualitätssiegel ENplus. Zum anderen gilt es, Feinstaubemissionen zu vermeiden. Viele Anlagen sind dazu mit speziellen Filtern ausgestattet.

Zur regelmäßigen Pflege und Wartung der Pelletzentralheizung gehören die Entleerung des Aschebehälters und die Reinigung der Flächen des Wärmetauschers. Dafür gibt es mittlerweile auch automatische Lösungen. Eine jährliche Kesselwartung ist unverzichtbar.

Solarthermieanlagen wandeln die Kraft der Sonne in Wärme um. Die Sonne gibt ihre Energie wie ein Kernfusionsreaktor in Form von elektromagnetischen Wellen ab. Ein Teil davon – die sogenannte Globalstrahlung – kommt auf der Erdoberfläche an. Die Kollektoren einer Solarthermieanlage fangen sie auf und wandeln sie in Wärme um. Eine Trägerflüssigkeit bringt die Wärme zum Trinkwasserspeicher oder zum Heizwasserspeicher und gibt sie dort über einen Wärmetauscher an das Wasser ab. Erhältlich sind Flachkollektoren mit einem guten Kosten-Nutzen-Verhältnis, einer großen Bandbreite an Formaten und vielseitigen Montagemöglichkeiten. Röhrenkollektoren sind deutlich leistungsfähiger, entsprechend platzsparender und zudem leichter, aber auch erheblich teurer. Ein wichtiger Kennwert für die Auswahl der Kollektoren ist der Wirkungsgrad. Er gibt an, welcher Teil der eingefangenen Sonnenenergie in Wärme umgewandelt und dem Trägermedium zugeführt wird. Solarthermie-Anlagen erreichen mittlerweile einen Wirkungsgrad von 50 Prozent.

Die Kraft der Sonne

Eine Solarthermieanlage verursacht sehr geringe CO_2-Emissionen und sehr niedrige Betriebskosten. Sie kann einen Teil der Warmwasserbereitung übernehmen (monovalentes System) oder auch Warmwasser erwärmen und die Heizung unterstützen (bivalentes System). Als alleiniger Wärmelieferant im Gebäude taugt sie in der Regel jedoch nicht, da die Sonnenenergie gerade in der kalten Jahreszeit rar ist.

Die Kollektoren können mit Schienen- oder Klammersystemen auf oder flächenbündig im Dach eingebaut, vor der Fassade montiert oder in die Fassade integriert werden. Voraussetzung ist, dass die Statik stimmt. Wenn das Gebäude nicht freisteht, müssen in den Landesbauordnungen vorgegebene Abstände zum Nachbarn eingehalten werden. Ansonsten richtet sich die Platzierung nach der vorhandenen Fläche, ästhetischen Gesichtspunkten und zu erwartenden Wind- und Schneelasten. Maximale Erträge liefern Kollektoren auf einem nach Süd-Westen bis Süd-Osten ausgerichteten Dach mit einer Neigung von 30 bis 35 Grad.

Der Solarkreislauf zwischen Kollektoren und Speicher(n) wird über eine Umwälzpumpe angetrieben. Die Steuerungseinheit in der Solarstation regelt den Wärmefluss und sorgt dafür, dass die Pumpe anspringt, wenn die Temperatur am Kollektor nennenswert höher ist als die im Speicher. Sinkt die Speichertemperatur unter den Sollwert, ohne dass ausreichende Temperaturen am Kollektor erreicht werden, wird der Speicher mit der Heizung nachgeheizt. Die optimale und störungsfreie Einstellung der Solarstation, ein vollständig entlüfteter Solarkreis mit ausreichendem Druck und eine intakte Wärmeträgerflüssigkeit bestimmen die Gesamteffizienz der Anlage.

Eine Nur-Solarwärme-Heizung gibt es auf dem gegenwärtigen Stand der Technik nicht in Serie. Auch viele Luft/Wasser-Wärmepumpen bringen in ungedämmten Gebäuden unter Umständen nicht die benötigte Leistung, um das Haus allein ganzjährig mit Wärme zu versorgen. Beide Systeme sind zwar aus ökologischer Sicht sinnvoll, sie brauchen jedoch Partner. **Hybrid-Heizungen**, auch bivalente Systeme genannt, arbeiten mit zwei Energiequellen. Das macht die Anlagen insgesamt komplexer und fehleranfällig und erhöht zudem die Investitionskosten.

Wenn es um die Partnerwahl geht, bleiben viele Kunden dem alten Energieträger – in den meisten Fällen dem Gas – treu. Aber auch eine Pelletheizung kommt infrage. Dieser Kessel übernimmt die Spitzenlast, kann jedoch im Sommer abgeschaltet werden. Die Hersteller bieten platzsparende Kompakt-Systeme, bei denen ein Gas-Brennwertkessel mit einer strombetriebenen Wärmepumpe oder mit Solarthermie in einem Gerät kombiniert ist. Alternativ können ein eigenständiger neuer oder auch bereits vorhandener Gas-Brennwertkessel und eine ebenfalls eigenständige Wärmepumpe oder eine Solarthermieanlage gekoppelt werden. Die Ergänzungsvariante bietet sich beispielsweise an, wenn in den kommenden Jahren Maßnahmen an der Gebäudehülle geplant sind, durch die dann die Heizlast deutlich reduziert und der Brennwertkessel verzichtbar wird.

Die Effizienz einer Hybrid-Heizung steht und fällt mit der gemeinsamen Steuerung der Komponenten. Wenn beide Anlagenteile von einem Hersteller stammen, sind sie gut aufeinander abgestimmt. Jede Hybrid-Heizung ist ein komplexes System, das vom Fachingenieur geplant werden muss.

In der Diskussion um das Heizungsgesetz hat die Forderung nach Technologieoffenheit die Wellen hochschlagen lassen. Im

Ergebnis sind künftig auch **Gasheizungen** gesetzlich erlaubt, wenn sie zu 100 Prozent mit Biogasen oder Wasserstoff betrieben werden können. Tatsächlich ist der Gedanke verlockend, die alte Gasheizung durch ein neues Modell zu ersetzen, das „H2-ready" ist und, sobald er verfügbar ist, auf Wasserstoff umgestellt wird. Eigentümer hätten damit nicht nur geringe Anschaffungskosten, sondern auch keine Umbauten vor sich. Dieses Konzept hat jedoch viele Pferdefüße.

Die meisten Gasbrennwertgeräte, die heute verkauft werden, tragen zwar das Prüfsiegel „H2-ready". Das besagt jedoch nur, dass sie Gas mit einer Wasserstoff-Beimischung von bis zu 20 Volumenprozent verbrennen können. Ein Umbau für den Betrieb ausschließlich mit Wasserstoff ist nur mit hohem Aufwand möglich. Diese Geräte erfüllen also die künftigen gesetzlichen Anforderungen nicht. Geräte, die heute mit Gas arbeiten und sich mit einem einfach Umrüstkit auf Wasserstoff umstellen lassen, werden derzeit entwickelt und getestet.

Hinzu kommt: Grüner Wasserstoff steht bislang nur in geringen Mengen zur Verfügung. Die Produktion läuft zwar an. Auch ist geplant, zwei Drittel des Bedarfs über Importe zu decken. Die Transportfrage ist dabei weitgehend ungeklärt. Nur: Gewaltige Mengen dieses Brennstoffs werden in der Industrie und zum Antrieb von Schiffen und Flugzeugen benötigt. Der Nationalen Wasserstoffstrategie der Bundesregierung zufolge wird der Einsatz zur Gebäudeerwärmung daher eine „nachgeordnete Rolle" spielen. Ob, wo und wann Kommunen Wasserstoff-Versorgungsgebiete für Einzelheizungen ausweisen werden, ist völlig offen.

Angesichts all dieser Unwägbarkeiten schreibt das Gebäudeenergiegesetz für Eigentümer beim Einbau einer Heizung mit flüssigen oder gasförmigen Brennstoffen eine Pflichtberatung durch eine „fachkundige Person" – also etwa einen Energieberater, einen Heizungsbetrieb oder einen Schornsteinfeger – vor. Ziel ist, auf die wirtschaftlichen Risiken und auf Alternativen hinzuweisen.

Auch **Stromdirektheizungen** wie etwa Infrarotheizungen sind zulässig. In diesen Systemen wird Strom durch einen Widerstand geleitet, der sich dabei deutlich erwärmt. Die Wärme wird direkt an die Umgebung abgegeben und erwärmt den Raum. Bei der Erzeugung und Verteilung entstehen damit kaum Verluste. Weitere Vorteile von Stromdirektheizungen sind geringe Investitionskosten, minimaler Installationsaufwand und schnelle Regelbarkeit. Ihr großer Nachteil sind die Betriebskosten. Im Gegensatz zur elektrisch betriebenen Wärmepumpe kann eine Infrarotheizung aus einer Kilowattstunde Strom nicht drei oder vier Kilowattstunden Wärme produzieren, sondern nur eine. Das treibt die Betriebskosten dramatisch in die Höhe.

Wärmespeicher

Egal, aus welcher Energiequelle sie stammt – für den Verbraucher im Haus ist entscheidend, dass die Wärme dann verfügbar ist, wenn sie für die Heizung oder etwa die Dusche benötigt wird. Das wird im Einfamilienhaus üblicherweise mit einem Speicher gelöst. Das klassische Speichermedium ist Wasser. Es ist ausreichend verfügbar, ungiftig, chemisch stabil und hat eine große Wärmekapazität.

Bei den heute gängigen Systemen wird ganz grob zwischen **Warmwasserspeichern** (für Trinkwasser), **Pufferspeichern** (für die Heizung) und **Kombispeichern** für beide Anwendungen unterschieden. Letztere zeichnen sich durch niedrige Wärmeverluste und geringen Platzbedarf aus. Weitverbreitet sind Pufferspeicher mit einem integrierten Trinkwasserbehälter oder einer Frischwasserstation. Besonders energieeffizient sind Schichtladespeicher. Sie lagern unterschiedlich temperiertes Wasser in verschiedenen Zonen. Wird ein Speicher von mehreren Wärmequellen gespeist, spricht man von einem bivalenten Speicher. Wichtig ist in jedem Fall, dass der Speicher richtig auf die einzelnen Wärmeerzeuger und -abnehmer ausgelegt ist. Der Speicher selbst und alle Anschlüsse müssen gut gedämmt sein.

Lüftung und Wärmerückgewinnung

Verbrauchte Raumluft, Innenraumfeuchte, Kohlendioxid und Wohngifte sollen raus, frische Luft soll rein. Im unsanierten Altbau funktioniert das mit Fensterlüftung plus Fugenlüftung. Wenn jedoch neue, dichte Fenster eingebaut werden, reicht klassisches Lüften oft nicht aus, um insbesondere die in Küche und Bad entstehende Feuchte abzutransportieren. Sobald mehr als ein Drittel der Fenster am Gebäude ausgetauscht werden, muss daher im Vorfeld ein Lüftungskonzept nach DIN 1946–6 erstellt werden, um langfristig Bauschäden und ungesundes Raumklima zu verhindern. Die Kosten für ein solches Konzept beziffern die Verbraucherzentralen mit 300 bis 400 Euro. Zuständig ist das Planungsbüro, das mit der energetischen Sanierung beauftragt wurde, oder der ausführende Handwerker, der die neuen Fenster einbaut. Der Experte prüft, ob technische Lösungen wie Lüftungselemente in Fensterrahmen und Durchlässe in der Außenwand nötig sind, um den erforderlichen Mindestluftwechsel zu erreichen. Unter Umständen ist eine Lüftungsanlage die beste Lösung.

Vor allem in innenliegenden Bädern oder Küchen sind einfache Abluftsysteme weitverbreitet: Ein Ventilator erzeugt einen Unterdruck. Durch die Sogwirkung wird Luft aus anderen Räumen über Türschlitze oder Überströmöffnungen zur Abluftanlage gezogen und entweicht über einen Filter und ein Wandgerät oder ein Kanalsystem nach außen. Gleichzeitig strömt über Zuluftöffnungen in der Fassade oder den Fenstern frische Luft nach. Eine einfache Abluftanlage lässt sich nur sehr begrenzt steuern. Ihre Effizienz hängt stark von den Jahreszeiten und den Umgebungsbedingungen ab. Die zugeführte Frischluft hat immer die Temperatur der Außenluft.

Deutlich komfortabler ist eine geregelte zentrale Zu- und Abluftanlage für das ganze Haus. Durchlässe in Hauswänden sind nicht notwendig, da die Luft über zentrale Leitungen strömt. Ventilatoren übernehmen sowohl das aktive Ansaugen von Frischluft als auch die Abführung von Abluft. Über Sensoren lassen sich die Luftmengen etwa nach der Temperatur, dem CO_2-Gehalt oder der Raumluftfeuchte regulieren.

Zur Nachrüstung auch in einzelnen Räumen kommt auch eine dezentrale Zu- und Abluftanlage infrage. Die kompakten Einheiten mit Zu- und Abluftöffnung lassen sich beispielsweise oberhalb des Fensters montieren und benötigen keine aufwendig verlegten Leitungen.

Die energetisch effizienteste Lösung ist eine geregelte Zu- und Abluftanlage mit Wärmerückgewinnung. Sie überträgt in der Regel die in der Abluft enthaltene Wärmeenergie an die kalte Zuluft und verbessert damit die Gesamtenergiebilanz des Gebäudes. Eine solche Anlage mit allen Bestandteilen und Kanälen muss von einem Haustechnikingenieur geplant werden. Er berücksichtigt den Raumluftbedarf, die Wohnungsgröße sowie die Zahl und Anforderungen der Bewohner. Unbedingt zu beachten ist der Schallschutz. Voraussetzung für einen störungsfreien Betrieb ist, dass die Lüftungskanäle optimal vor Staub und Schmutz geschützt sind und im Betrieb gut sauber gehalten und gewartet werden. Die reinen Investitionskosten für eine optimierte Lüftungsanlage mit Wärmerückgewinnung beziffert das Umweltbundesamt mit 40 bis 70 Euro pro Quadratmeter, bei ungünstigen Planungen auch über 100 Euro. Die Verbraucherzentralen empfehlen die niedrigste Stufe der spezifischen Ventilatorleistung (SFP 1). Je nach Anlage und Größe der Wohneinheit ist mit einem jährlichen Stromverbrauch von circa 200 bis 400 kWh zu rechnen. Mit dem Onlinetool des Bundesverbands für Wohnungslüftung e. V. (VfW) können Sie überprüfen, ob Sie im Zuge einer energetischen Sanierung lüftungstechnische Maßnahmen benötigen (vfw-tool.de).

Photovoltaik

Im Kanon der Klimaschutzmaßnahmen der letzten Bundesregierung spielte der beschleunigte Ausbau der Stromerzeugung aus erneuerbaren Energien eine maßgebliche Rolle. Entsprechend viele Erleichterungen hat sie auch und gerade für kleine Photovoltaik-Anlagen auf den Weg gebracht. Bislang allerdings verfügen laut Schätzung des Bundesverbandes Solarwirtschaft erst 11 Prozent der dafür geeigneten Ein- und Zweifamilienhäuser über eine PV-Anlage. Dabei ist die Technologie ausgereift. Die Effizienz der Module wird stetig verbessert, die Materialkosten sind in den vergangenen Jahren erheblich zurückgegangen, und der wirtschaftliche Betrieb ist problemlos möglich. Der technische Fortschritt und die Kostendegression bei Batteriespeichern – auch getrieben durch die Elektromobilität – tragen dazu bei. Nach unseren Berechnungen sind Renditen von drei bis sechs Prozent über einen Zeitraum von 20 Jahren auch bei vorsichtiger Kalkulation drin. Hinzu kommt ein praktischer Vorteil:

Eine PV-Anlage lässt sich weitgehend unabhängig von anderen Sanierungsmaßnahmen installieren.

UNSER RAT

Zusätzliche Last bedenken

Eine PV-Anlage bringt zusätzliches Gewicht aufs Dach. Lassen Sie vor der Beauftragung des Fachunternehmens prüfen, dass die Statik dafür ausreicht. Besonders wichtig ist das bei einem Flachdach, wenn die Module mittels Aufständerung montiert werden und dem Winddruck standhalten müssen. Genau wie bei Solarthermieanlagen müssen die in den Landesbauordnungen festgelegten Nachbarschaftsabstände eingehalten werden.

Eine PV-Anlage besteht aus zahlreichen Solarzellen, die in Modulen zusammengefasst und in Reihe geschaltet sind. Wenn Sonnenlicht auf das Modul fällt, setzt das in den Zellen enthaltene Halbleitermaterial – meist Silizium – Elektronen frei. Dabei entsteht elektrische Energie – Gleichstrom. Er wird im Wechselrichter (Inverter) in haushaltsüblichen 240-Volt-Wechselstrom umgewandelt und im Haus verbraucht oder über einen Zähler ins öffentliche Stromnetz weitergeleitet.

Die Solarzellen unterscheiden sich in Rohstoffen, Herstellung, Größe, Kosten und Wirkungsgrad. Sie kommen in eine Kunststoffschicht, werden von unten mit einer Folie laminiert und von oben mit einer Glasschicht abgedeckt. Häufig sind Module von einem Rahmen umfasst, der zugleich der Befestigung dient. 90 Prozent aller PV-Anlagen werden auf Dächern installiert. In der Nachrüstung werden sie meist mit Schienen und Haltesystemen auf der Eindeckung befestigt. Wird das Dach zeitgleich neu gedeckt, ist die sogenannte Indachmontage eine Überlegung wert. Möglich sind auch Module, die in einzelne Dachziegel integriert sind.

Wie viel Energie gewonnen werden kann, hängt maßgeblich von der elektri-

NUTZUNGSHINWEIS

Formular E: Schritt für Schritt zur eigenen PV-Anlage

Die Planung einer Photovoltaik-Anlage ist ein umfangreiches Unterfangen. In unserer Checkliste begleiten wir Sie Schritt für Schritt von den ersten Überlegungen bis zur Inbetriebnahme.

schen Leistung der Anlage ab. Die maximale Leistung der Solarmodule unter standardisierten Laborbedingungen wird in Kilowattpeak (kWp) angegeben. Eine PV-Anlage mit einer Leistung von 1 Kilowattpeak belegt eine Fläche von fünf bis sieben Quadratmetern. Auch die Sonneinstrahlung, die Jahreszeit, der individuelle Standort und Umwelteinflüsse beeinflussen den Stromertrag. Optimal ist ein zwischen Süd-Ost und Süd-West ausgerichtetes Dach mit einem Neigungswinkel von 30 bis 35 Grad. Die Module sollten – idealerweise in der ganzen Lebensdauer der Anlage – nicht verschattet werden.

Die verfügbare Dachfläche und das eigene Budget begrenzen die Dimension der Solaranlage. Allerdings sind kleine Anlagen pro Kilowattpeak Leistung oft teurer als größere. Das liegt auch daran, dass Fixkosten weniger ins Gewicht fallen. Es ist daher ratsam, die vorhandene Fläche zu nutzen. Auf Einfamilienhäusern haben Solaranlagen üblicherweise Leistungen zwischen drei und 20 Kilowattpeak.

In einer Ein-Parteien-Anlage werden im Durchschnitt nur 20 bis 30 Prozent des erzeugten Stroms selbst verbraucht. Falls kein Speicher vorhanden ist, geht der Rest notgedrungen ins Netz. In beiden Fällen entlastet das die Haushaltskasse: Jede selbst erzeugte und verbrauchte Kilowattstunde muss nicht teuer aus dem Netz bezogen werden. Und für jede ins Netz eingespeiste Kilowattstunde gibt es die Einspeisevergütung. Sie ist im Erneuerbare-Energien-Gesetz (EEG) geregelt und für 20 Jahre garantiert. Seit 2023 gibt es zwei unterschiedliche Vergütungssätze: Wird ein Teil des Stroms selbst verbraucht, erhalten Eigentümer für den eingespeisten Strom 8,03 Cent pro Kilowattstunde bei Anlagen bis 10 Kilowattpeak und 6,95 Cent pro Kilowattstunde bei Anlagen bis 40 Kilowattpeak (Stand: August 2024). Wer den Strom vollständig ins Netz einspeist, erhält eine höhere Vergütung – 12,73 Cent beziehungsweise 10,68 Cent pro Kilowattstunde.

Stromspeicher

Eine PV-Anlage lohnt sich umso mehr, je höher der Anteil des Eigenverbrauchs am erzeugten Strom ist. Nur: Die Sonne scheint dann am meisten, wenn man am wenigsten Strom braucht – mittags, wenn viele Bewohner unterwegs sind, und im Sommer, wenn der Bedarf im Gebäude am niedrigsten ist, weil große Abnehmer wie die Wärmepumpe nicht angetrieben werden müssen.

Mit einem Batteriespeicher lässt sich mehr Flexibilität in der Stromversorgung schaffen, der Eigenverbrauchsanteil erhöhen und der Autarkiegrad – also die Unabhängigkeit vom Stromversorger – auf bis zu 70 Prozent steigern. Wenn der gerade erzeugte Strom nicht benötigt wird, wird der Speicher wie ein Akku aufgeladen. Ist er voll, geht weiterer überschüssiger Strom ins Netz. Wenn kein Strom erzeugt, aber gebraucht wird, kann er aus dem eigenen Speicher bezogen werden, bis dieser leer ist. Danach wird aus dem Netz bezogen. Die Steuerung der Stromflüsse übernimmt ein Energiemanagementsystem. Absehbar ist, dass solch dezentrale Stromspeicherung mit dem Ausbau der E-Mobilität an Bedeutung gewinnen wird. Bei der Investitionsentscheidung gilt es allerdings zu bedenken: Eine saisonale Stromspeicherung ist mit Heimspeichern nicht leistbar. Und auch zur Not- oder Ersatzstromversorgung bei teilweisem Netzausfall taugen sie nur, wenn sie mit diesen Funktionen ausgestattet sind. Oft gibt es die nur gegen Aufpreis.

Stromspeicher bestehen meist aus zahlreichen zusammengeschalteten Batteriezellen. Dabei kommen neben speziellen Blei-Säure- und Blei-Gel-Akkus zunehmend Lithium-Ionen-Batterien mit deutlich höherem Wirkungsgrad, längerer Haltbarkeit und entsprechend höherem Preis auf den Markt. Derzeit gibt es zwei Installationsarten: Bei der sogenannten AC-Koppelung ist der Speicher an das Stromnetz angeschlossen. Der Wechselrichter der PV-Anlage wandelt den von der PV-Anlage produzierten Gleichstrom in Wechselstrom um. Ein Speicherwechselrichter wandelt ihn für die Zwischenspeicherung zurück in Gleichstrom. Wenn Strom aus dem Speicher entnommen wird, wandelt derselbe Wechselrichter ihn wieder in Wechselstrom. Bei dieser mehrfachen Umwandlung entstehen Verluste. Das passiert bei einer sogenannten DC-Koppelung nicht. Hier sitzt der Stromspeicher zwischen PV-Anlage und Wechselrichter. Bei der gleichzeitigen Installation von Anlage und Speicher ist das das System der Wahl.

Wer in einen Speicher investiert, lässt sich bei der Dimensionierung auf eine Gratwanderung ein: Ein zu kleiner Speicher führt zu teurem Zukauf aus dem Netz, ein zu großer Speicher zum Verzicht auf die mögliche Einspeisung. Im Einfamilienhaus liegen übliche Speichergrößen zwischen 5 und 20 Kilowattstunden. Die Hochschule für Technik und Wirtschaft Berlin empfiehlt als Faustregel: Die nutzbare Speicherkapazität sollte maximal 1,5 kWh pro 1 kWp PV-Leistung betragen und auf maximal 1,5 kWh pro 1 000 kWh/a Stromverbrauch begrenzt werden.

Solarstrom aus der Steckdose

In einigen Jahren steht die Erneuerung des Daches samt Installation einer PV-Anlage an? Dann können Sie mit einem Steckersolargerät schon mal mit der Eigenstromerzeugung anfangen. Ein solches Gerät besteht aus ein bis zwei Modulen mit einer Leistung von je 250 bis 300 Watt. Zur Orientierung: 100 Watt Nennleistung liefern pro Jahr einen durchschnittlichen Ertrag von etwa 70 bis 100 Kilowattstunden. 300-Watt-Module samt Wechselrichter und Montagematerial sind ab etwa 350 Euro erhältlich. Sie werden vorrangig über das Internet vertrieben. Eine Produktnorm ist derzeit in Arbeit. Die Deutsche Gesellschaft für Sonnenenergie (DGS) hat jedoch einen Sicherheitsstandard entwickelt und auf ihrer Internetseite eine Produktdatenbank eingerichtet (pvplug.de). Ratsam ist eine Herstellerbestätigung, dass er den DGS-Standard einhält. Zahlreiche Kommunen und einzelne Länder fördern den Einsatz von Steckersolargeräten mit Zuschüssen. Informationen dazu gibt es beim Umweltamt oder der Energieagentur vor Ort.

UNSER RAT

Wie autark können Sie werden?

Mit dem Unabhängigkeitsrechner der HTW Berlin können Sie online Ihren Eigenverbrauchsanteil überschlagen (solar.htw-berlin.de/rechner/unabhaengigkeitsrechner). Dazu müssen Sie den Jahresstromverbrauch, die Photovoltaikleistung und gegebenenfalls die nutzbare Speicherkapazität angeben. Mit diesem Tool können Sie auch durchspielen, wie sich unterschiedliche Anlagen- und Speichergrößen auswirken.

Anders als die PV-Anlage auf dem Dach können Geräte mit bis zu 800 Voltampere Wechselrichterleistung von Privatpersonen unter Einhaltung der für die Ausführung eines Netzanschlusses maßgeblichen Regelungen angebracht, angeschlossen und direkt genutzt werden. Auch komplizierte Verkabelungen sind nicht notwendig. Das Modul wird sturmfest an der Brüstung eines nicht verschatteten Süd-, West- oder Ost-Balkons montiert. Mit einem Neigungswinkel von 30 bis 40 Grad erzielt es die höchsten Erträge. In dem Modul wird die Sonnenenergie in Gleichstrom umgewandelt, im integrierten Wechselrichter zu 240-Volt-Wechselstrom verarbeitet und über eine Steckdose in das eigene elektrische Hausversorgungsnetz eingespeist. Die gültigen Normen empfehlen dafür einen speziellen Einspeise-Stecker. Bis Ende 2024 sollen sie überarbeitet und die üblichen Schuko-Stecker für den Anschluss freigegeben werden. Gibt es im Haushalt noch einen Wechsel- und Drehstromzähler nach dem Ferraris-Prinzip, der bei Netzeinspeisung rückwärts zählen würde, dann muss dieser gegen einen Einrichtungszähler mit Rücklaufsperre (der verhindert die Netzeinspeisung) oder gegen einen Zweirichtungszähler (der zählt die Netzeinspeisung) ausgetauscht werden. Nur so ist nachvollziehbar, wie viel Strom der Verbraucher aus dem Netz bezogen und wie viel er geliefert hat. Der Austausch erfolgt durch den Messstellenbetreiber. Für die Netzeinspeisung sind die Steckersolargeräte nicht gedacht. Seit Mai 2024 müssen sie nicht mehr beim lokalen Stromnetzbetreiber, sondern nur noch im Marktstammdatenregister der Bundesnetzagentur unter marktstamm datenregister.de angemeldet werden.

Blockheizkraftwerk

Ein Blockheizkraftwerk (BHKW) wird mit Erdgas, Heizöl, Flüssig- oder Biogas oder auch Pellets betrieben und funktioniert nach dem Prinzip der Kraft-Wärme-Kopplung. Blockheizkraftwerke sind meist wärmegeführt. Das bedeutet: Sobald im Gebäude geheizt oder der Warmwasserspeicher erwärmt werden muss, springt das Aggregat – in der Regel ein Motor – an. Es treibt einen Stromgenerator an, der mit dem Hausnetz verbunden ist. Die bei der Stromerzeugung entstehende Motorwärme wird über einen Wärmetauscher zur Heizwassererwärmung verwendet; die im Abgas enthaltene Energie dient der Brauchwassererwärmung. Der Strom kann direkt im Gebäude genutzt werden. Überschüssiger Strom wird ins öffentliche Netz eingespeist. Bei Bedarf wird zusätzlicher Strom aus dem Netz zugekauft. Die Vergütung des erzeugten Stroms ist im Kraft-Wärme-Kopplungsgesetz (KWKG) und – bei Nutzung von Biomasse als Brennstoff – im Erneuerbare-Energien-Gesetz geregelt. Ist die Anlage in Betrieb, dann wird sowohl der selbst verbrauchte als auch der eingespeiste Strom durch den KWK-Zuschlag gefördert. Für den eingespeisten Strom gibt es zusätzlich den aktuellen Börsenpreis sowie die vermiedenen Netznutzungsentgelte.

Ein BHKW so zu dimensionieren, dass es auch den Spitzenwärmebedarf im Winter abdeckt, wäre völlig unwirtschaftlich. Deshalb wird eine solche Anlage in der Regel mit einem zusätzlichen Wärmeerzeuger kombiniert, der die Spitzenlasten absichert. Wie bei einer PV-Anlage kann ein Stromspeicher den Eigenverbrauchsanteil und den Autarkiegrad deutlich erhöhen.

Voraussetzung für den effizienten Betrieb eines Blockheizkraftwerkes oder einer Brennstoffzellen-Heizung ist eine genaue Analyse des Strom- und Wärmebedarfs samt aller Kosten und Erlöse zum Beispiel aus der Stromeinspeisung. Zu bedenken sind auch zahlreiche erforderliche Anmeldungen und Genehmigungen sowie formale Anforderungen im laufenden Betrieb.

Überall dort, wo ein kontinuierlich hoher Energiebedarf besteht – beispielsweise in Kliniken, Schwimmbädern oder auch in großen Wohnanlagen – haben sich BHKW bewährt. In kleinen Wohngebäuden hingegen spielen sie eine untergeordnete Rolle.

Smarte Steuerung

Seit Anfang 2020 läuft das Roll-out für Smart Meter. In drei Stufen werden bis 2032 flächendeckend intelligente Messsysteme bestehend aus einem digitalen Stromzähler und einer Kommunikationseinheit (Smart Meter Gateway) in die Gebäude eingebaut. Stromverbraucher und Stromerzeuger kommunizieren so miteinander. Das dient sowohl dem Lastmanagement in den Stromnetzen als auch der Verbrauchstransparenz und der energetischen Optimierung.

Im einzelnen Gebäude selbst gibt es jedoch noch viel mehr Möglichkeiten zur energetischen Betriebs- und Verbrauchsverbesserung. Jede Veränderung der Anlagentechnik ist ein guter Zeitpunkt, ein Energiemanagementsystem einzuführen. Von der Optimierung der Heizkurve, der Anpassung der Vorlauftemperatur und der Pumpenleistung über Einstellarbeiten an der Regelung von Heizungs-, Beleuchtungs-, Lüftungs- und Klimatechnik bis zu Monitoring-Lösungen zum Erfassen und Auswerten von Verbräuchen und der intelligenten Verteilung der Energieströme im Gebäude reicht das Spektrum. So lässt sich etwa die gesamte Heiztechnik solaroptimiert steuern: Zunächst wird der Solarstrom direkt im Haus genutzt. Nur wenn kein Abnehmer im Haus Strom benötigt, geht der überschüssige Eigenstrom ins Netz. In einem solchen Energiemanagementsystem können alle Komponenten der Energietechnik – Strom, Wärme und Mobilität samt Speichereinheiten – zusammengeführt werden.

Schwachstellen am Gebäude sanieren

Bei Ihrem Gebäude-Check haben Sie unter Umständen Feuchteschäden entdeckt, die behoben werden müssen. Andere Probleme wie etwa eine Asbestbelastung werden vielleicht erst bei der Planung der Sanierung sichtbar.

Bei solchen konkreten Mängeln handelt es sich um klar begrenzte Vorhaben. Hier können Sie zielgerichtet vorgehen und benötigen meist nur eine Fachfirma. Beachten Sie jedoch, dass die Umsetzung im Falle einer weitergehenden Sanierung im Zeitablauf eingepasst werden muss.

Feuchte und Schimmel

Feuchtebelastungen schädigen die Bausubstanz und können im Extremfall die Statik gefährden, wenn beispielsweise ein Dachbalken durchfeuchtet ist. Zugleich bilden dauerhaft feuchte Bereiche einen guten Nährboden für Schimmel. Die Ursache von

Feuchteschäden zu finden und zu beheben ist daher auch ohne energetische Sanierung sinnvoll.

Haben Sie beim Gebäude-Check Anzeichen von Feuchtebelastungen entdeckt, ist der erste Ansprechpartner der Energieberater. Er hat meist bauphysikalische Kenntnisse und kann möglicherweise erkennen, woher Feuchteeinträge kommen und zum weiteren Vorgehen beraten. Andernfalls ist ein Sachverständiger gefragt. Ist die Ursache gefunden, muss sie beseitigt werden.

Viele Feuchteschäden betreffen den Keller. Wenn aufgrund unzureichender Abdichtungen des Mauerwerks kontinuierlich Feuchte in die Wand gelangt, sollten Sie einen professionellen Bautenschutzbetrieb oder Abdichtungsprofi beauftragen. Je nach baulicher Situation nimmt er die Abdichtung von außen oder auf der Gebäudeinnenseite vor. Es gibt auch die Möglichkeit, in ein Raster von Bohrlöchern alkalische Stoffe zu injizieren, die die Ausbreitung der Feuchtigkeit stoppen.

Falls die Feuchte von unten eindringt und in den Kellerwänden oder den Sockel des Hauses aufsteigt, ist eine Horizontalabdichtung erforderlich. Bei Neubauten ist mindestens eine solche Sperrschicht oberhalb der Erdoberfläche Standard, bei unterkellerten Gebäuden zusätzliche eine zweite oberhalb des Kellerbodens und eine dritte unterhalb der Kellerdecke, falls dieser Bereich Kontakt mit dem Erdreich hat. Bei Altbauten hingegen fehlen Horizontalsperren oft. Sie lassen sich nachträglich mechanisch errichten, indem beispielsweise Edelstahlbleche oder Kunststoffplatten über den ganzen Mauerwerksquerschnitt eingebracht oder Dichtungsbahnen in Fugen eingelegt werden. Eine Alternative ist das oben beschriebene Injektionsverfahren.

Voraussetzung für eine Feuchtesanierung ist, dass die betroffenen Bauteile möglichst trocken sind. Die eventuell notwendige Trocknung ist Teil des Sanierungskonzepts, das der Fachbetrieb erarbeitet. Dabei spielt eine wichtige Rolle, ob die Räume bewohnt oder anderweitig genutzt werden.

Deutlich weniger problematisch sind Feuchtebelastungen an den Wänden des Kellers oder der Wohnräume, wenn sie nachweislich dadurch entstehen, dass warme Raumluft an kalten Glasflächen von veralteten Fenstern oder an ungedämmten Außenwänden kondensiert. Mit einer energetischen Sanierung wird zugleich die Ursache behoben: Durch eine fachgerecht ausgeführte Außendämmung erhöht sich die Temperatur der Innenwände, so dass feuchte Raumluft nicht so schnell kondensiert. Dieselbe Wirkung hat die Fenstererneuerung. Vor den Dämmmaßnahmen müssen die Wände getrocknet werden. Feuchtigkeit und Nässe schaden den meisten Dämmstoffen, verringern ihre Wirkung und zerstören mit der Zeit organische Materialien.

Bei Feuchte im Dachbereich gilt: Durchfeuchtetes Tragwerk muss ein Statiker prüfen. Ein feuchter Deckenbalken, der die Last der Decke nicht mehr in die Wände abtragen kann, muss ausgetauscht werden. Auch hier ist vor dem Dämmen wichtig, dass die Dachkonstruktion trocken ist.

NUTZUNGSHINWEIS

Formular F: Feuchteprobleme im Haus

Unsere Tabelle können Sie als Orientierungshilfe verwenden. Darin finden Sie häufig vorkommende Feuchteschäden mit ihren typischen Symptomen, möglichen Ursachen und Sanierungsoptionen.

Asbest und andere Schadstoffe

Bei einer Sanierung kommen Sie beziehungsweise die ausführenden Firmen unter Umständen mit Dach- und Fassadenverkleidungen oder anderen Bauteilen in Berührung, die krebserregende Asbestfasern enthalten. Diese müssen unter Einhaltung von besonderen Vorsichtsmaßnahmen entfernt und fachgerecht entsorgt werden.

Wer eine Sanierung in einem älteren Fertighaus aus den 1970er- oder 80er-Jahren plant, sollte auch damit rechnen, dass Luft und Hausstaub mit gesundheitsschädlichen Schadstoffen belastet sein können. In Einzelfällen setzen alte Holzwerkstoffe immer noch Formaldehyd und Holzschutzmittel wie PCP (Pentachlorphenol) und Lindan frei. Problematisch wird das insbesondere dann, wenn bisher verborgene oder gebundene Materialien im Zuge der Sanierung geöffnet oder entfernt werden sollen. Bei alten Parkettböden etwa kann man auf zerbröselnde Parkettkleber stoßen, die mit PAK (Polyzyklischen aromatischen Kohlenwasserstoffen) belastet sind. Erste Hinweise auf mögliche Schadstoffe liefert das Baujahr. Hat Ihr Energieberater den Verdacht einer Belastung, sollten Sie Experten hinzuziehen.

Barrierefreiheit

Der altersgerechte Umbau des eigenen Hauses wird oft erst dann zum Thema, wenn die Nutzung beschwerlich wird. Viel sinnvoller wäre, Barrieren so frühzeitig zu reduzieren, dass erst gar keine Einschränkungen entstehen. In vielen Fällen geht das mit einem hohen Komfortgewinn einher. Im Zuge einer energetischen Sanierung werden Sie unter Umständen Bauteile in Angriff nehmen, bei deren Austausch oder Umbau sie mehr oder weniger barrierefrei vorgehen können. Es empfiehlt sich unbedingt, diese Gelegenheit zu nutzen, Barrieren zu reduzieren und Bedienbarkeit zu erleichtern.

NUTZUNGSHINWEIS

Formular G: Checkliste Asbest

In unserem Formular sind asbesthaltige Materialien aufgelistet, die auch heute noch in älteren Häusern verbaut sind.

NUTZUNGSHINWEIS

Formular H: Barrierefreiheit

Unser Formular enthält Vorschläge, worauf Sie bei unterschiedlichen energetischen Maßnahmen unter der Überschrift Barrierefreiheit achten können und welche Verbesserungen sich anbieten. Wer mehr wissen will, findet Anregungen und Tipps im Handbuch „Barrierefrei bauen und sanieren“.

Finanzierung klären

Sobald die Sanierungsmaßnahmen feststehen, ist der nächste Schritt die Kostenkalkulation. Diese ist die Grundlage für die anschließende Planung der Finanzierung. Die setzt sich meist aus mehreren Posten zusammen – verfügbaren Eigenmitteln, Fördergeldern und einem oder mehreren Krediten.

Kostenrahmen

Die endgültige Aufstellung aller Investitionskosten mit gesicherten Zahlen halten Bauherren erst nach Abschluss der Baumaßnahmen in der Hand, wenn alle Rechnungen vorliegen. Doch die Entscheidungen für oder gegen einzelne Maßnahmen müssen sie im Planungsstadium treffen. Zu diesem Zeitpunkt gilt es, den Kostenrahmen möglichst realistisch zu beziffern.

Zunächst scheint das Internet die Lösung zu bringen. Mit den Suchworten „Wärmepumpe", „Einfamilienhaus" und „Kosten" erhält man innerhalb weniger Sekunden mehr als drei Millionen Treffer. Ähnlich fällt das Ergebnis für andere Sanierungsmaßnahmen aus. Die große Schwierigkeit für Eigentümer besteht darin, die Belastbarkeit der Kostenangaben zu beurteilen.

Recherche im Internet

Die Seiten von Herstellern bieten in aller Regel sehr fundierte Informationen – zu ihren konkreten Produkten. Verlässlich sind auch Angaben der Verbraucherzentralen. Diese basieren meist auf Umfragen unter deren Energieberatern. Auf deutlich wackeligeren Füßen stehen dagegen die Aussagen von Ratgeberportalen. Diese bilden oft Mittelwerte von gerade kursierenden Preisen ab, deren Ursprung meist nicht erkennbar ist. Noch weniger hilfreich sind all jene Dienstleister, die auf ihren Seiten gar keine Kosten nennen, sondern nur Kunden – und ihre Daten – mit dem Versprechen werben, dass sie mit wenigen Klicks ein persönliches Angebot erhalten.

Wirklich belastbar sind nur Preisangaben, deren Aktualität an einer Angabe wie „Stand Januar 2025" erkennbar ist. Ist kein Datum genannt, wissen Sie nicht, ob die Preise möglicherweise von vor zwei Jahren stammen. Angesichts der Preisentwicklung wäre es fatal, auf solchen Angaben eine Finanzierung aufzubauen.

Unklar ist in vielen Fällen auch, welche Posten die genannten Summen enthalten und welche nicht. Ein Beispiel: Es macht einen Unterschied von mehreren tausend Euro, ob die Preise für eine Erdwärmepumpe die Erschließung des Erdreichs mit Kollektoren oder mit Sonden oder gar nicht enthalten.

Hinzu kommt schließlich: Kaum eine Internetseite wagt sich mit exakten Zahlenangaben hervor. In aller Regel finden sich Von-bis-Angaben. Das ist richtig und legitim, denn nur so lassen sich unterschiedliche Produktpreise und Arbeitslöhne abbilden. Das Ergebnis ist jedoch oft genug eine enor-

UNSER RAT

Praktische Online-Tools

Einfacher als die Recherche einzelner Posten ist die Nutzung von Berechnungstools. Der Rechner von Bundeswirtschaftsministerium und KfW (sanierungsrechner.de) und der „ModernisierungsCheck" von co2online.de ermitteln Investitionskosten und Energieeinsparungen anhand von detaillierten Angaben zum Gebäude, den bisherigen Verbräuchen und den geplanten Maßnahmen.

me Spanne wie „Die Kosten für eine Wärmepumpe im Einfamilienhaus betragen zwischen 20 000 und 50 000 Euro".

Unterm Strich können sich Sanierungswillige auf dem Weg durchs Internet mühsam vortasten, für die großen Posten ihrer Vorhaben verlässliche Quellen suchen und auf aktuelle, möglichst differenzierte Angaben achten. Dann haben sie einen ganz groben Rahmen.

NUTZUNGSHINWEIS

Formular I: Überschlag der voraussichtlichen Kosten

Die Maßnahmen stehen fest, die Baufirmen ebenso. Mit den vorliegenden Angeboten oder Kostenvoranschlägen von Planern, Beratern und ausführenden Firmen haben Sie eine gute Grundlage, um Ihren Finanzierungsbedarf zu ermitteln. Unser Formular hilft Ihnen dabei, einen Überblick zu gewinnen und keinen Posten zu vergessen.

Kostenschätzungen von Experten

Energieberater, Architekten oder Bauingenieure nehmen für die geplanten Maßnahmen Kostenschätzungen für Materialien, Hilfsmittel und Arbeitslöhne vor. Sie nutzen dafür Richtwerte aus Datenbanken und ihr Erfahrungswissen. Damit ist zwar das Problem der Aktualität nicht vollständig gelöst. Doch diese Kostenangaben haben auf jeden Fall Hand und Fuß, und alle wichtigen Posten sind berücksichtigt.

Kostenvoranschlag oder Angebot vom Handwerker

Die präziseste Kostenprognose gibt es von der Fachfirma. Empfehlenswert ist, für jede geplante Maßnahme mehrere Firmen zu kontaktieren. Bei einem Vor-Ort-Termin werden Details zum Vorhaben besprochen. Im Idealfall bitten Sie den Handwerker im Anschluss um einen Kostenvoranschlag oder ein Angebot. Die beiden Begriffe werden oft synonym verwendet. Doch Vorsicht: Sie unterscheiden sich in ihrer Bindungswirkung erheblich.

In einem Kostenvoranschlag beziffert ein Unternehmen die voraussichtlich entstehenden Kosten. Dazu listet es – meist in recht ausführlicher Form – Art und Umfang der Arbeiten und Materialien sowie Lohn- und Materialkosten mitsamt einer Berechnungsgrundlage auf. Häufig finden sich statt festen Beträgen und Maßen Circa-Angaben. In der Regel werden auch die voraussichtliche Umsetzungsdauer und ein Datum genannt, bis wann der Kostenvoranschlag gilt. Üblich ist eine Gültigkeit von sechs Wochen. Der in einem Kostenvoranschlag genannte Preis ist kein Festpreis, eine Überschreitung um 10 bis 20 Prozent ist zulässig. Das Bürgerliche Gesetzbuch sieht vor, dass die Erstellung eines Kostenvoranschlags „im Zweifel nicht zu vergüten" ist. Die Baufirma kann jedoch mit dem Bauherren individuell vereinbaren, dass er die Kosten trägt. Eine solche ausdrückliche Vereinbarung ist bei Reparaturen im Elektrobereich nicht erforderlich. Hier ist die Vergütung des Kostenvoranschlags branchenüblich.

Ein Angebot hingegen ist immer kostenlos. Es ist jedoch meist weniger detailliert und enthält oft nur einen Gesamtbetrag oder eine Auflistung von Arbeitsschritten und Materialien mit einem Endpreis. Wenn der Auftraggeber das Angebot annimmt, ist der genannte Preis für die beschriebenen Leistungen verbindlich vereinbart und darf nicht überschritten werden. Dieser Festpreis gilt allerdings nur für die beauftragten und im Angebot festgehaltenen Leistungen. Meist begrenzen Dienstleister die Bindung durch einen Frist. Die Handwerksfirma kann die Gebundenheit auch durch Formulierungen wie „unverbindliches Angebot" oder „Angebot freibleibend" ganz ausschließen.

Für Bauherren erfüllen die Kostenkalkulationen von Fachfirmen gleich mehrere Funktionen:

- → Sie dienen dem Vergleich der Leistungen verschiedener Firmen.
- → Sie helfen bei der Einschätzung, welche Posten erforderlich sind.
- → Sie ermöglichen den Kostenvergleich.
- → Sie bilden die Grundlage der Finanzierungsplanung.
- → Sie sind in aller Regel Bestandteil des Auftrags und damit des Bauvertrags.

Tatsächlich brauchen Bauherren also einerseits die Detailtiefe eines Kostenvoranschlags und die Verbindlichkeit eines Angebots, und das am liebsten kostenlos. Auf eine solche Konstruktion lassen sich Baufirmen ungern ein. Schließlich macht ein differenzierter Kostenvoranschlag viel Arbeit, ohne dass die Firma die Sicherheit hat, den Auftrag zu bekommen. Eine Lösung kann sein, mit dem Handwerker zu vereinbaren, dass Sie die Kosten für die Erstellung eines verbindlichen Kostenvoranschlags übernehmen, falls er nicht beauftragt wird.

UNSER RAT

Vergleichen Sie!

Der Vergleich von Kostenkalkulationen ist für Bauherren der beste Weg, sich realistisch den zu erwartenden Kosten zu nähern. Je gründlicher Sie hier vorgehen, umso mehr Sicherheit haben Sie. Achten Sie auf folgende Aspekte:
Sind alle besprochenen Leistungen enthalten? Stimmen Maß- und Mengenangaben? Gibt es Unterschiede bei einzelnen Produkten und Qualitäten zum Beispiel bei der Dicke von Dämmmaterialien? Sind Lohn- und Materialkosten getrennt dargestellt? Weichen die Einschätzungen der Arbeitszeit auffällig voneinander ab? Sind Fahrtkosten enthalten? In welchem Umfang? Von welcher Umsetzungsdauer gehen die Firmen aus? Ist der Kostenvoranschlag verbindlich? Wie lange ist die Bindungsfrist?

Puffer muss sein

Bei Baumaßnahmen an bestehenden Gebäuden können immer unvorhergesehene Probleme auftauchen. Zugleich unterliegen die Preisen für Baumaterialien oder Haustechnikanlagen nicht vorhersehbaren Schwankungen. Die Kostenplanung sollte deshalb immer einen finanziellen Puffer von 10 bis 20 Prozent enthalten.

Kosten senken durch Eigenleistungen?

Die Idee, dass Familie und Freunde beim Bau Hand anlegen und die Rechnungen damit ein wenig geringer ausfallen, erscheint erstmal attraktiv. Schließlich fehlt es meist an Eigenkapital. In der Praxis haben Eigenleistungen jedoch erhebliche Risiken: Fehlendes handwerkliches Können und ein zu optimistisch kalkuliertes Zeitbudget führen leicht zu Störungen oder Verzögerungen im Bauablauf oder gar zu Baumängeln und damit zu Mehrkosten. Obendrein kann der Bauherr für sämtliche Arbeiten, die er in Eigenregie erledigt, nicht die Baufirma haftbar machen. Laien werden daher am ehesten technisch nicht allzu anspruchsvolle Arbeiten an Oberflächen erledigen. Dazu gehört beispielsweise das Streichen der Innenwände nach dem Fenstertausch. Versierte Handwerker oder handwerklich geschickte Eigentümer hingegen können durch Eigenleistungen ansehnliche Einsparungen herausholen. Wer das plant, sollte frühzeitig den Architekten bzw. die ausführenden Firmen informieren und schriftlich vereinbaren, welche Arbeiten er wann selbst erledigen wird.

Künftige Betriebskosten

Die künftigen Ausgaben für Heizung, Warmwasser und Strom werden sich auf jeden Fall ändern, wenn entweder ein anderer Energieträger zum Einsatz kommt oder der Energiebedarf im Gebäude nach der Sanierung geringer ausfällt oder beides. Die Kostenersparnis müssen Sie bei der Finanzierung – konkret bei der Festlegung der möglichen Kreditraten – berücksichtigen.

Die Kalkulation der künftigen Einsparungen ist jedoch eine Rechnung mit vielen Unbekannten. Brennstoff- und Stromkosten sind nur sehr begrenzt vorhersehbar, die Kosten für Wartungen und Inspektionen ebenfalls. Es macht jedoch einen großen Unterschied, ob mit gleichbleibenden Kosten oder mit Steigerungen von zwei oder auch von sechs Prozent gerechnet wird. Den künftigen Energiebedarf ermitteln Fachplaner anhand der Gebäudegeometrie und Ausstattung mit Hilfe spezieller Software. Der Bedarf ist jedoch immer abhängig vom Nutzerverhalten. Und das kann sich schnell ändern, wenn ein Kind auszieht oder ein Elternteil konstant im Homeoffice arbeitet. Zu den Leistungen eines Energieberaters gehört, im Rahmen eines iSFP auch die Einsparungen darzustellen. Ratsuchende sollten hinterfragen, auf welchen Annahmen die Berechnungen erfolgen. Erscheinen Ihnen die Prognosen zu optimistisch, können Sie die Zahlen entsprechend vorsichtig einordnen. In jedem Fall gilt: Eigentümer sollten ihre Finanzierungsplanung auf keinen Fall exakt auf Einsparungsprognosen aufbauen, sondern hier – genau wie bei den Investitionskosten – mit einem Puffer arbeiten.

Kassensturz

Der Grundstock für die Sanierungsfinanzierung ist das verfügbare Vermögen. Angespartes oder kurzfristig flüssiges Eigenkapital können Sie direkt in das Vorhaben investieren, andere Mittel können Sie als Sicherheit einbringen.

Je umfangreicher das Eigenkapital ist, desto mehr und desto günstigeren Kredit können Eigentümer erhalten. Entsprechend gilt es, alle dafür tauglichen Mittel zu mobilisieren. Eine Faustregel für den Hausbau oder -kauf lautet: Sie sollten 20 Prozent der Kosten als Eigenkapital aufbringen können. Diese Faustregel lässt sich auch auf Sanierungen übertragen.

Eigenkapital und Sicherheiten

Als Eigenkapital tauglich sind beispielsweise Girokonten, zuteilungsreife Bausparverträge (siehe unten) oder Geldgeschenke aus der Verwandtschaft. Zu den Vermögensbestandteilen, die nicht als Eigenkapital in Betracht kommen, zählt vor allem langfristig angelegtes Geld, an das Sie nicht oder nur mit größerem Verlust herankämen.

AUSFÜLLHINWEIS

Formular J: Budget und Finanzierungsbedarf

Verschaffen Sie sich zunächst einen Überblick über Ihr gesamtes Geldvermögen. Das schlüsseln Sie in zwei Rubriken auf – als Eigenkapital und als Sicherheiten taugliche Mittel.

Solche Posten können Sie der Bank als Sicherheit anbieten, die das Institut im Fall Ihrer Zahlungsunfähigkeit erhalten würde. Gleiches gilt auch für schuldenfreie Immobilien, die Sie bereits besitzen. Derartige Sicherheiten können den möglichen Kreditrahmen erhöhen und die Darlehenszinsen senken.

Bausparvertrag

Wer bereits Kunde beziehungsweise Mitglied einer Bausparkasse ist, kann das Guthaben oder die Bausparsumme in die Finanzierung einbringen.

Das Prinzip des Bausparens sieht vor, dass ein Teil – in der Regel 30 bis 50 Prozent – der späteren Bausparsumme durch monatliche Sparbeträge angesammelt wird. Ist dieser Betrag zusammengekommen, die vorgesehene Bewertungszahl erreicht und eine Mindestspardauer verstrichen, ist der Bausparvertrag „zuteilungsreif". Jetzt können Kunden die Zuteilung beantragen und sich nach Ablauf einer Frist von wenigen Monaten das angesparte Geld samt Zinsen und gegebenenfalls erhaltenen Förderungen – zum Beispiel Wohnungsbauprämie, Wohn-Riester oder vermögenswirksame Leistungen vom Arbeitgeber – überweisen lassen. Außerdem erhalten sie von der Bausparkasse das Bauspardarlehen. Wer es schafft, seine Sanierung so zu terminieren, dass er den Zeitpunkt der Zuteilung erwischt, erhöht so das Eigenkapital und hat zugleich einen günstigen Kredit. Allerdings ist eine solche Terminnähe eher die Ausnahme als die Regel.

Ist der Vertrag zuteilungsreif, die Sanierungsplanung jedoch erst in den Anfängen, gibt es die Möglichkeit, den Vertrag ruhen zu lassen. Er wird nicht weiter bespart, das Geld steht jedoch dann zur Verfügung, wenn es benötigt wird. Soll umgekehrt ein Bausparvertrag bereits vor der Zuteilung in die Sanierungsfinanzierung eingehen, so kann die Zeit bis zur Zuteilung mit einer Zwischenfinanzierung überbrückt werden. Alternativ lässt sich die Zuteilung durch eine Vertragsanpassung und die Senkung der Bausparsumme beschleunigen. Auch die Aufteilung in zwei ungleiche Verträge ist denkbar. Und schließlich können auch Bausparverträge gekündigt werden. Damit verzichtet der Bausparer allerdings auf sein Bauspardarlehen und meist auch auf eventuell vereinbarte Bonuszinsen.

Übrigens: Der kurzfristige Abschluss eines Bausparvertrags für eine zeitnahe Sanierung lohnt sich nicht, denn die Ansparphase wäre viel zu kurz, um noch rechtzeitig eine Zuteilung erhalten zu können, bevor die Rechnungen beglichen werden müssen.

Fördermöglichkeiten und Steuervorteile

Staatliche Zuschüsse, Förderkredite mit Tilgungszuschüssen sowie Steuererleichterungen reduzieren zwar nicht per se den Finanzierungsbedarf. Aber diese Mittel stehen Eigentümern relativ zeitnah nach der Sanierung zur Verfügung. Sie sind damit ein wichtiges Element im Finanzierungskonzept.

Energieberatung für Wohngebäude (EBW)

Im Programm Energieberatung für Wohngebäude (EBW) fördert der Bund mit Stand August 2024 nur eine Form der Energieberatung – die Erstellung eines individuellen Sanierungsfahrplans (siehe „Energieberatung", ab S. 29). Der iSFP muss der Förderrichtlinie des Bundesamtes für Wirtschaft und Ausfuhrkontrolle (Bafa) entsprechen und von einem dafür zugelassenen Energieeffizienz-Experten erstellt werden. Das Bafa bezuschusst 50 Prozent der Kosten, maximal 650 Euro bei Ein- und Zweifamilienhäusern (Stand: August 2024). Wer anschließend Empfehlungen aus dem iSFP umsetzt, erhält bei einzelnen Maßnahmen günstigere Förderbedingungen.

Bundesförderung für effiziente Gebäude (BEG)

Der Bund unterstützt den Neubau energieeffizienter Häuser und die energetische Sanierung von Bestandsgebäuden mit der Bundesförderung für effiziente Gebäude (BEG). Alle Details wie Förderinhalte, -höhe und -bedingungen sind in Richtlinien geregelt, die das Bundesministerium für Wirtschaft und Klimaschutz (BMWK) regelmäßig überarbeitet. Die BEG besteht aus vier Programmen:

- ➔ Bundesförderung für effiziente Gebäude – Einzelmaßnahmen (BEG EM)
- ➔ Bundesförderung für effiziente Gebäude – Wohngebäude (BEG WG)
- ➔ Bundesförderung für effiziente Gebäude – Nichtwohngebäude (BEG NWG)
- ➔ Bundesförderung für effiziente Gebäude – Klimafreundlicher Neubau (KFN)

Für die Sanierung eines Wohngebäudes sind nur die beiden erstgenannten Programme relevant.

Förderung von energetischen Einzelmaßnahmen (BEG EM)

Im Programm BEG EM gibt es Zuschüsse zu Einzelmaßnahmen an Altbauten, durch die eine energetische Verbesserung erreicht wird. Dazu gehören

- ➔ Dämmung der Gebäudehülle
- ➔ Einbau von Fenstern, Außentüren
- ➔ Einbau von außenliegenden Sonnenschutzeinrichtungen
- ➔ Einbau von raumlufttechnischen Anlagen mit Wärme-/Kälterückgewinnung
- ➔ Einbau von digitalen Systemen zur Optimierung des energetischen Betriebs und Verbrauchs („Efficiency Smart home")
- ➔ Einbau eines klimafreundlichen Wärmeerzeugers
- ➔ Heizungsoptimierung (Verbesserung der Anlageneffizienz oder Emissionsminderung von Biomasseheizungen)
- ➔ Fachplanung / Baubegleitung

AUSFÜLLHINWEIS

Formular K: Wegweiser Fördermittel

In unserem Wegweiser Fördermittel finden Sie die relevanten Programme des Bundes mit den Konditionen mit Stand August 2024. Die Reihenfolge der Rubriken entspricht dem Aufbau dieses Kapitels. Sie können dieses Formular als Überblick nutzen, zudem für Ihre Vorhaben die voraussichtlichen förderfähigen Kosten eintragen und die Höhe der zu erwartenden Zuschüsse und Tilgungszuschüsse berechnen. Hilfestellung bietet auch unser Förderrechner mit tagesaktuellen Konditionen: test.de/foerderung-haus-heizung.

Förderfähig sind Material- und Arbeitskosten sowie Kosten für sämtliche Maßnahmen, die zur Vorbereitung und Umsetzung der Sanierung und/oder der Inbetriebnahme der Anlage zwingend erforderlich sind. Für die förderfähigen Ausgaben gibt es Höchstgrenzen (siehe Formular K). Die Höhe der Grundförderung hängt von der jeweiligen Maßnahme ab. Zusätzlich sind diverse Boni möglich.

- iSFP-Bonus für im individuellen Sanierungsfahrplan empfohlene Maßnahmen: 5 Prozent
- Klimageschwindigkeitsbonus für Selbstnutzer beim Tausch einer funktionstüchtigen Öl-, Kohle-, Gas-Etagen- oder Nachtspeicherheizung oder einer funktionstüchtigen mindestens 20 Jahre alten Gasheizung oder Biomasseheizung: 20 Prozent
- Einkommensbonus für Selbstnutzer mit einem zu versteuernden Haushaltsjahreseinkommen von maximal 40 000 Euro beim Heizungstausch: 30 Prozent
- Effizienz-Bonus für den Einbau einer besonders effizienten Wärmepumpe: 5 Prozent, für den Einbau einer Biomasseheizung mit einer Feinstaubemission von maximal 2,5 mg/m^3: 2.500 Euro. Der Förderhöchstbetrag reduziert sich dann allerdings entsprechend.

Die Boni dürfen kumuliert werden. Für die Summe aus Grundförderung und Boni gilt eine Obergrenze von 70 Prozent.

Die Zuschüsse sind an zahlreiche Bedingungen geknüpft: Das Haus muss in Deutschland stehen und mindestens fünf Jahre alt sein. Bei der konkreten Sanierung sind die in der Richtlinie formulierten Mindestanforderungen zu erfüllen. Sie sind strenger als die Vorgaben des Gebäudeenergiegesetzes (GEG).

Für Wärmeerzeuger (außer denen, die bei Errichtung eines Gebäudenetzes installiert werden) ist seit Frühjahr 2024 die Kreditanstalt für Wiederaufbau (KfW) Ansprechpartner. Eigentümer können die Förderung direkt im KfW-Kundenportal (meine.kfw.de) beantragen, allerdings erst, wenn sie ein Unternehmen mit dem Heizungstausch beauftragt haben. Mit diesen müssen Eigentümer vereinbaren, dass der Vertrag aufgelöst oder aufgeschoben wird, wenn die KfW keine Förderzusage erteilt.

Für alle anderen Einzelmaßnahmen sowie Gebäudenetze und die Heizungsoptimierung ist das Bundesamt für Wirtschaft und Ausfuhrkontrolle (Bafa) zuständig. Ein Energieeffizienz-Experte (siehe „Energieberatung“, ab S. 29) muss die Antragsstellung übernehmen und nach der Sanierung bestätigen, dass die technischen Anforderungen erfüllt wurden.

Ergänzungskredit für Einzelmaßnahmen

Eigentümer, die vom Bafa oder der KfW eine Zuschusszusage für Einzelmaßnahmen erhalten haben, die nicht älter als 12 Monate ist, können von der KfW einen zinsgünstigen Ergänzungskredit erhalten. Dieser kann in Kombination mit dem Zuschuss und/oder zur Zwischenfinanzierung der Zuschussförderung genutzt werden.

Er ist als Annuitätendarlehen mit einer Laufzeit zwischen vier und 35 Jahren und einer Zinsbindung von fünf oder zehn Jahren gestaltbar. Dabei zahlen Kreditnehmer in einer tilgungsfreien Anlaufzeit von mindestens 1 bis maximal 5 Jahren nur Zinsen und im Anschluss gleich hohe monatliche Raten aus Zins und Tilgung. Alternativ kann ein endfälliges Darlehen mit einer Laufzeit und Zinsbindung zwischen vier und zehn Jahren vereinbart werden. Dann entrichtet der Kreditnehmer nur Zinsen und zahlt am Ende den vollen Kreditbetrag in einer Summe zurück. Sowohl das Annuitätendarlehen als auch das endfällige Darlehen gibt es in einer Basis-Variante und als sogenannten Ergänzungskredit-Plus mit einem deutlich niedrigeren Effektivzins. Dieser steht ausschließlich Selbstnutzern mit einem zu versteuernden Jahreshaushaltseinkommen von bis zu 90 000 Euro zur Verfügung.

Der Ergänzungskredit beträgt maximal 120 000 Euro je Wohneinheit. Wenn Zuschuss und Ergänzungskredit für dieselbe Maßnahme verwendet werden, reduziert sich der maximal mögliche Kreditbetrag um die Höhe des Zuschusses. Eigentümer müssen den Kreditantrag vor Beginn der Bauarbeiten vor Ort bei einem Finanzierungspartner der KfW – also der Hausbank, einer anderen Geschäftsbank oder auch einer Bausparkasse – einreichen.

Förderung von energetischen Komplettsanierungen (BEG WG)

Die KfW gewährt zinsgünstige Kredite mit einem Tilgungszuschuss zwischen fünf und 20 Prozent, wenn durch eine Komplettsanierung die Effizienzhaus-Stufe 85 oder besser erreicht wird. Förderfähig sind neben Material und Arbeitslohn der einzelnen Maßnahmen auch Baunebenkosten und Wiederherstellungskosten, beispielsweise für einen Weg zum Gebäude.

KfW-Effizienzhaus

Die Effizienzhaus-Stufen dienen als Orientierungsmaßstab für energiesparende Gebäude. Sie beschreiben den energetischen Standard im Vergleich zu einem Referenzgebäude, das den Vorgaben des Gebäudeenergiegesetzes (GEG) entspricht. Maßgeblich sind zwei Kriterien: der Primärenergiebedarf und der Transmissionswärmeverlust. Je kleiner die Kennzahl einer Effizienzhaus-Stufe ist, umso besser ist der energetische Standard. Ein Gebäude mit dem Standard EH85 benötigt 85 Prozent der Primärenergie des Referenzgebäudes.

Die Höhe der Förderung richtet sich zunächst nach der Effizienzhausstufe. Je höher sie ist, umso höher ist der Tilgungszuschuss. Jede Stufe gibt es in einer Basis-Variante und in zwei Effizienzhaus-Klassen:

➔ Effizienzhaus – Erneuerbare Energien-Klasse (EE-Klasse): Nach der Sanierung wird mindestens 65 Prozent des Energiebedarfs im Haus durch eine Heizungsanlage gedeckt, die entweder auf Basis erneuerbarer Energien oder mit unvermeidbarer Abwärme arbeitet.

➔ Effizienzhaus – Nachhaltigkeitsklasse (NH-Klasse): Das Wohngebäude erfüllt nach der Sanierung die Anforderungen des staatlichen „Qualitätssiegels Nachhaltiges Gebäude“.

Wird eine dieser Klassen erreicht, dann erhöht sich der Tilgungszuschuss im Vergleich zur jeweiligen Basis-Variante um fünf Prozentpunkte.

Darüber hinaus sind zwei Boni möglich:

→ Eigentümer, die ein Gebäude sanieren, das hinsichtlich des energetischen Zustandes zu den schlechtesten 25 Prozent des Gebäudebestandes gehört („Worst Performing Building"), bekommen einen WPB-Bonus in Höhe von 10 Prozentpunkten, wenn sie damit mindestens den Standard EH 70 EE erreichen.

→ Wer sein Wohnhaus zum Effizienzhaus 40 oder 55 saniert und dabei vorgefertigte Bauelemente für Fassade und gegebenenfalls Dach verwendet, erhält einen Bonus „Serielle Sanierung" in Höhe von 15 Prozent.

Die beiden Boni können zusätzlich zur EE- oder NH-Klasse vergeben werden. Sie dürfen auch kombiniert werden, addieren sich dann jedoch nicht auf 25, sondern nur auf 20 Prozent.

Das maximale Kreditvolumen beträgt für alle Effizienzhausstufen in der Basis-Variante 120 000 Euro, sobald eine der beiden Klassen erzielt wird, 150 000 Euro.

Die Fachplanung und Baubegleitung des Energieeffizienz-Experten wird zusätzlich gefördert, die Nachhaltigkeitszertifizierung in der NH-Klasse ebenfalls. Für die Unterstützung durch einen solchen Experten können Eigentümer einen zusätzlichen Kreditbetrag in Höhe von bis zu 10 000 Euro je Vorhaben im Ein- und Zweifamilienhaus beantragen. Der Tilgungszuschuss beträgt 50 Prozent.

Förderbedingung ist, dass sich das Gebäude in Deutschland befindet und der Bauantrag oder die Bauanzeige mindestens fünf Jahre zurückliegt. Vorgaben zu einzelnen Maßnahmen macht die Förderrichtlinie für dieses Programm nicht. Entscheidend ist, dass der Standard erreicht wird. Das ermittelt der zwingend eingebundene Energieeffizienz-Experte in einem vorgegebenen Verfahren.

Eigentümer haben die Wahl zwischen einem Annuitätendarlehen (Zinsbindung zehn Jahre, Laufzeit zwischen 4 und 30 Jahren, tilgungsfreie Anlaufzeit ein bis fünf Jahre) oder einem endfälligen Darlehen mit einer Laufzeit und einer Zinsbindung zwischen vier und zehn Jahren. Genau wie beim Ergänzungskredit schließen sie den Kreditvertrag mit einem Finanzierungspartner ab. Erforderlich ist eine Bestätigung des Energieeffizienz-Experten. Im Anschluss beauftragen sie Liefer- und Leistungsverträge. Nach Abschluss der Arbeiten und Prüfung durch den Energieeffizienz-Experten reicht der Kreditnehmer eine weitere Bescheinigung beim Finanzierungspartner ein, der Tilgungszuschuss wird gutgeschrieben.

Förderungen kombinieren

Seit 2024 dürfen Eigentümer Zuschüsse für Einzelmaßnahmen mit einem Kredit für eine Komplettsanierung kombinieren. Dabei dürfen keine Kosten doppelt angesetzt werden. Wer also für die Heizungserneuerung einen Zuschuss nutzen möchte, muss die Kosten dafür aus den Gesamtkosten für die Sanierung zum Effizienzhaus herausrechnen. Solche Kombinationen können Vorteile haben: Im Einzelfall lässt sich so der Förderhöchstbetrag erhöhen. Außerdem fallen die Fördersätze bei den Einzelmaßnahmen in vielen Fällen höher aus als bei der Komplettsanierung. Wer beispielsweise sein Gebäude mit der Sanierung auf den EH70-Standard bringt, erhält dafür einen Tilgungszuschuss in Höhe von 10 Prozent. Für die Heizungserneuerung beträgt der Zuschuss jedoch in vielen Fällen 50 Prozent. Bei dem Rechenspiel, welche Variante günstiger ist, gilt es auch, den Zinsvorteil des Förderkredits zu bedenken.

Weitere Förderungen für energetische Sanierungen

Für die Finanzierung von Photovoltaik-Anlage und Batteriespeicher gibt es das KfW-Programm „Erneuerbare Energien – Standard". Hier sollten Sie genau hinschauen: Der Zinssatz ist abhängig von der Bonität des Antragstellenden und im Vergleich zu anderen Förderkrediten der KfW sehr hoch. Neben dem Bund unterstützen auch die Länder und viele Kommunen energetische Sanierungen. Die einfachste Möglichkeit, deren Programme zu finden, ist die Suche in der Förderdatenbank des Bundes (foerderdatenbank.de). Über aktuelle kommunale Förderungen informiert das Bauamt oder der Klimaschutzmanager der Gemeinde.

Steuerliche Abschreibung von energetischen Sanierungsmaßnahmen

Selbstnutzer können alternativ zur Bundesförderung für effiziente Gebäude (BEG) die Kosten für energieeffiziente Einzelmaßnahmen in dem Jahr, in dem sie abgeschlossen wurden, steuerlich geltend machen (§ 35c EStG). Die Steuerförderung gibt es für Maßnahmen, die an einem mindestens zehn Jahre alten Gebäude nach dem 31. Dezember 2019 begonnen wurden und vor dem 1. Januar 2030 abgeschlossen sind. Die Arbeiten müssen von einem Fachunternehmen ausgeführt werden, zu dessen Arbeitsbereich die durchgeführten Maßnahmen gehören und das bestimmte Anforderungen erfüllt. Details hat das Bundesministerium der Finanzen in der Energetischen Sanierungsmaßnahmen-Verordnung (ESanMV) geregelt.

Das Finanzamt erstattet 20 Prozent der Kosten für die Einzelmaßnahmen, für die auch direkte Zuschüsse von Bafa oder KfW gewährt werden. Die Abrechnung erfolgt über einen Zeitraum von drei Jahren. Für das Jahr, in dem die Maßnahmen abgeschlossen wurden, und für das Folgejahr werden jeweils 7 Prozent von der Steuerschuld abgezogen, im dritten Jahr die restlichen 6 Prozent. Der Einsatz eines Energieberaters ist nicht vorgeschrieben. Wird jedoch ein Energieeffizienz-Experte beauftragt, dann sind 50 Prozent der Kosten dafür im ersten Jahr vollständig absetzbar. Die Höchstgrenze der förderfähigen Sanierungskosten liegt mit 200 000 Euro pro Objekt weit über den Förderhöchstgrenzen der BEG.

In der Einkommensteuererklärung müssen die einseitige Anlage „Energetische Maßnahmen" ausgefüllt und die Fachunternehmerbescheinigungen beigefügt werden. Das Bundesministerium der Finanzen stellt dafür online Vorlagen zur Verfügung (unter bundesfinanzministerium.de, Stichwort „Steuerliche Förderung energetischer Maßnahmen an zu eigenen Wohnzwecken genutzten Gebäuden"). Einzelne Finanzämter wollen außerdem die korrekten Rechnungen samt Überweisungsbelegen sehen.

Weitere Förderungen des Bundes für Umbauten

Mit dem KfW-Kredit „Altersgerecht Umbauen" fördert der Bund Baumaßnahmen, durch die Barrieren verringert und der Einbruchschutz verbessert wird. Eigentümer können ein Annuitätendarlehen oder ein endfälliges Darlehen von bis zu 50 000 Euro je Wohneinheit erhalten. Die Zinssätze sind etwas schlechter als in der BEG, auch gibt es keine Tilgungszuschüsse. Der Förderkredit wird bei einem Finanzierungspartner beantragt. Bislang könnten Eigentümer bei der KfW auch Investitionszuschüsse für Barrierereduzierungen von bis zu 6 250 Euro erhalten. Ob das Programm im Jahr 2025 fortgeführt wird, stand zum Redaktionsschluss unseres Ratgebers noch nicht fest.

Für altersgerechte Umbauten kommen vielfach auch Programme der Länder oder Kommunen in Frage. Sie sind in der Förderdatenbank des Bundes gelistet (foerderdatenbank.de). Erst im akuten Bedarfsfall gibt es von der Pflegekasse einen Zuschuss von bis zu 4 000 Euro für notwendige bauliche Veränderungen.

Erster Ansprechpartner für Umsetzung und Förderung von Barrierereduzierungen ist die regionale Wohnberatung. Eine Übersicht gibt es bei der Bundesarbeitsgemeinschaft Wohnungsanpassung unter wohnungsanpassung-bag.de

Handwerkerleistungen von der Steuer absetzen

Selbstnutzer können Kosten für Handwerkerleistungen absetzen (§ 35a EStG) und so ihre zu zahlende Einkommenssteuer direkt verringern. Die Höhe des persönlichen Steuersatzes spielt dabei keine Rolle. Maximal 6 000 Euro sind jährlich absetzbar, 20 Prozent davon wirken sich steuermindernd aus. Selbstnutzende Eigentümer sparen also bis zu 1 200 Euro pro Jahr und Haushalt. Angerechnet werden nur Arbeits-, Fahrt- und Maschinenkosten, nicht jedoch Materialkosten.

Kreditaufnahme

Selten lässt sich eine größere Sanierung nur mit Eigenkapital stemmen. Ohne Darlehen geht es meist nicht. Ihren Finanzierungsbedarf haben Sie bereits ermittelt – voraussichtliche Gesamtkosten abzüglich verfügbares Eigenkapital. Jetzt geht es darum, wie Sie diesen Bedarf decken können.

Egal ob Sie sich für einen KfW-Förderkredit oder ein günstiges Angebot Ihrer Hausbank entscheiden oder auch mehrere Kredite mit unterschiedlichen Laufzeiten und Konditionen nutzen möchten – zunächst müssen Sie zwei Fragen klären: Wie viel Geld können Sie für die monatliche Rate erübrigen? Welche Kreditvariante passt am besten zu Ihrem Vorhaben?

Monatliche Belastbarkeit

Um zu ermitteln, wie viel Geld Sie monatlich für Zins und Tilgung eines Kredits aufwenden können, brauchen Sie einen detaillierten Überblick über Ihr Budget. Den verschaffen Sie sich am besten mit einer Aufstellung aller Einnahmen und Ausgaben, die Sie in Ihrem Haushalt – sei es als Einzelner, als Paar oder als Familie – durchschnittlich im Monat haben. Vergessen Sie nicht alle Posten, die viertel-, halb- oder ganzjährlich anfallen. Bei diesen dividieren Sie die Beträge jeweils durch die Anzahl der Monate, um auf den Durchschnittswert per Monat zu kommen.

Falls Sie eine private Buchführung betreiben, ist das eine ideale Grundlage für eine solche Übersicht. Andernfalls nehmen Sie sich Ihre Kontoauszüge vor. Wichtig ist, dass Sie das gesamte Jahr betrachten, um auch alle Jahresbuchungen oder außergewöhnliche Ausgaben etwa für den Urlaub zu erfassen. Aus der Gegenüberstellung von Einnahmen und Ausgaben ergibt sich Ihre monatliche Belastungsgrenze.

AUSFÜLLHINWEIS

Formular L: Ermittlung der möglichen Kreditrate

Nutzen Sie zur übersichtlichen Gesamtdarstellung unsere Tabelle. In der ersten Rubrik listen Sie alle Einnahmen auf, in der zweiten alle Ausgaben. Falls sich absehbar in den kommenden Jahren die Lebensumstände eines Haushaltsmitgliedes gravierend verändern, sollten Sie versuchen, das zu berücksichtigen. Wenn ein weiteres Kind unterwegs ist, müssen Sie mit zusätzlichen Ausgaben rechnen. Die lassen sich schwer beziffern, aber zumindest mit Mittelwerten einbringen.

Kreditvarianten

Nicht jedes Finanzierungsmodell passt zu jedem Haushalt bzw. zu jedem Sanierungsvorhaben. Die einen können schnell abbezahlen, die anderen müssen den Kredit lang strecken. Und wieder andere haben bereits einen Fördermittelbescheid in der Tasche und müssen nur die Zeit bis zur Auszahlung der Zuschüsse überbrücken. Grundsätzlich stehen verschiedenen Darlehensarten zur Verfügung.

Ein klassisches Bankdarlehen ist ein **Annuitätendarlehen**. Der Kunde zahlt gleichbleibende monatliche Raten zurück. Sie setzen sich aus der Tilgung und den Zinsen zusammen. Die Höhe des Zinses wird für die sogenannte Zinsbindung fest vereinbart. Mit jeder Rate sinkt die Restschuld. Dadurch verringern sich in der nächsten Rate die zu zahlenden Zinsen. Weil die Rate konstant bleibt, steigt automatisch der Tilgungsanteil.

Ein solcher Kredit hat viele Vorteile: Die konstanten Raten sind gut planbar. Das Risiko einer Zinserhöhung ist während der Zinsbindung ausgeschlossen. Das Angebot ist so groß und vielfältig, dass es für fast jeden Finanzierungswunsch den passenden Kredit gibt. Annuitätendarlehen bieten nicht nur Banken, sondern auch Versicherungsgesellschaften und zunehmend auch Bausparkassen an. Auf Baufinanzierungen spezialisierte Kreditvermittler greifen auf die Konditionen vieler Kreditinstitute zu.

Ein Annuitätendarlehen lässt sich als Volltilgerdarlehen gestalten. Dann zahlen Sie die komplette Schuld innerhalb der Zinsbindung zurück. Allerdings bieten nur wenige Banken Volltilgerdarlehen mit Laufzeiten von mehr als 20 Jahren an. Auch Ratenwechsel oder Sondertilgungen sind häufig ausgeschlossen oder eingeschränkt. Oft ist bei diesem Modell eine relativ schnelle Tilgung nötig. Die Monatsraten sind meist entsprechend hoch.

Ein **endfälliges Darlehen** wird am Ende seiner Laufzeit auf einen Schlag beglichen. Bis dahin zahlen Kunden keine Tilgung, sondern nur Zinsen. Da sich die Schulden nicht verringern, sind die Zinsen konstant hoch. Unterm Strich zahlen Kreditnehmer damit also mehr Zinsen als bei einem Annuitätendarlehen.

Ein endfälliges Darlehen kann zur Überbrückung einer Lücke sinnvoll sein, wenn beispielsweise der Bausparvertrag erst in ein paar Monaten zugeteilt wird oder eine bestehende Geldanlage nicht vorzeitig kündbar ist. Ein häufiger Fall ergibt sich auch aus der staatlichen Förderung: Nach Auszahlung der Zuschüsse können Eigentümer mit diesen ein endfälliges Darlehen mit vergleichsweise kurzer Laufzeit ablösen.

Bei einer nicht allzu hohen Kreditsumme ist ein Volltilgerdarlehen vorstellbar. Bei einer umfangreichen Komplettsanierung hingegen läuft es oft auf ein Annuitätendarlehen hinaus, das nach Ablauf der Zinsbindung noch nicht vollständig abbezahlt ist. Für die dann benötigte **Anschlussfinanzierung** gibt es unterschiedliche Möglichkeiten. Wenn das Timing stimmt und gerade eine größere Geldanlage frei wird oder ein Bausparvertrag zugeteilt ist, können Sie die Restschuld damit begleichen. Alternativ können Sie den bestehenden Kredit verlängern oder einen neuen Anschlusskredit abschließen. Mit einem sogenannten Forward-Darlehen können Sie bereits bis zu fünf Jahre vor Ende der Zinsbindung des ersten Kredites den Anschlusskredit samt der Kreditsumme, Ratenhöhe und Zinssatz fest vereinbaren. Wenn die Zinsen dann bis zum Beginn des Forward-Darlehens steigen, haben Kunden das niedrige Niveau gesichert. Fallen die Zinsen allerdings, müssen sie den vereinbarten höheren Satz zahlen.

Beim Hauskauf oder Neubau ist der Basiskredit ist in aller Regel ein **Hypothekendarlehen**. Die Zinsen für einen solchen Kredit sind deutlich günstiger als für einen Konsumkredit. Das liegt daran, dass die Bank ein geringeres Verlustrisiko hat. Zum einen muss der Kreditnehmer in der Regel mindestens ein Fünftel Eigenkapital mitbringen. Zum anderen behält sich die Bank den Zugriff auf das Haus vor. Diese Sicherheit ist die im Grundbuch eingetragene Grundschuld. Für den Fall, dass Sie den Kredit nicht mehr bedienen können, darf die Bank Ihr Vermögen angreifen und das Grundstück zu Geld machen, um sich aus dem Erlös zu bedienen. Die Bestellung einer Grundschuld ist aufwendig und verursacht Notargebühren und Grundbuchkosten.

Für Immobilieneigentümer, die bis zu 50 000 Euro – im Einzelfall auch mehr – für eine Sanierung benötigen, gibt es eine Alternative zum Hypothekendarlehen: den sogenannten **zweckgebundenen Ratenkredit**, auch Modernisierungskredit genannt. Hier verzichtet die Bank auf die Grundbuchsicherung. Damit fallen Notargebühren und Grundbuchkosten weg. Zudem ist der Antrag bei der Bank oder der Versicherungsgesellschaft meist wesentlich einfacher. Weiteres Plus dieser Variante: Sie können später den Kredit jederzeit zurückzahlen. Die Bank oder die Versicherung darf dafür höchstens ein Prozent der aktuellen Restschuld als (Vorfälligkeits-)Entschädigung verlangen. Allerdings sind Blankodarlehen für Banken weniger sicher. Das lassen sie sich meist mit höheren Zinsen bezahlen, wie unserer Untersuchungen zeigen.

Ähnlich wie ein zweckgebundener Ratenkredit funktioniert ein **freier Ratenkredit** (Verbraucherkredit oder Privatkredit). Auch er ist nicht grundbuchgesichert. Im Vergleich sind die Zinskonditionen bei diesem Modell am schlechtesten. Daher kommt es vor allem für kleinere Beträge in Frage, wenn diese unter der Mindestsumme für einen zweckgebundenen Kredit liegen.

NUTZUNGSHINWEIS

Formular M: Unterlagen für den Immobilienkredit

Um eine Kreditanfrage zu prüfen, braucht die Bank umfangreiche Unterlagen. Manche Institute veröffentlichen dafür Checklisten. Ansonsten sind Sie mit den in unserem Formular aufgelisteten Dokumenten gut gewappnet. Besonderheiten gilt es bei einem Förderkredit zu beachten. Dafür verlangt die KfW unter Umständen spezifische Unterlagen. Eine Auflistung finden Sie unter kfw.de im Download Center mithilfe des Suchbegriffs „Einzureichende Unterlagen".

NUTZUNGSHINWEIS

Formular N: Kreditkonditionen im Vergleich

Mit unserer Checkliste können Sie einen übersichtlichen Vergleich zwischen den Angeboten erstellen. Der Geldgeber Ihrer Wahl wird Ihnen einen Darlehensvertrag vorlegen. Vergessen Sie nicht zu prüfen, dass Name und Anschrift richtig geschrieben sind sowie die Kreditsumme, der ausgewiesene Zins und die übrigen Angaben zu Konditionen den Vereinbarungen entsprechen.

Angebote finden und vergleichen

Die erste Wahl zur Finanzierung von energetischen Sanierungen sind die Förderkredite der KfW. Im Fall einer Komplettsanierung profitieren Eigentümer nicht nur von den günstigen Zinsen, sondern auch von den Tilgungszuschüssen. Und auch beim Ergänzungskredit (siehe „Ergänzungskredit für Einzelmaßnahmen", S. 64) liegen die Zinsen im Vergleich zum sonstigen Markt auf einem niedrigen Niveau. Wenn Ihr Finanzierungsbedarf unter den seitens der KfW vorgegebenen Höchstbeträgen liegt – prima! Dann ist der nächste Schritt, dass Sie sich auf die Suche nach einem Finanzierungspartner der KfW machen.

Wenn Ihr Finanzierungsbedarf die Obergrenze der KfW überschreitet, brauchen Sie für den Differenzbetrag einen zweiten Kredit. Das gilt auch, wenn Sie im Zuge der Sanierung zusätzliche, nicht förderfähige Maßnahmen umsetzen. Kostenlose Online-Kreditrechner ermitteln aus einer Vielzahl von Anbietern die günstigsten Angebote. Dafür müssen Kunden mindestens die Kreditsumme, die gewünschte Zinsbindung und die Tilgung benennen, oft jedoch auch weitere, teils sehr persönliche Daten preisgeben. Als Ergebnis erhalten Sie jedoch nicht immer den Namen eines Kreditinstituts, sondern oft nur eine Berechnung mit der Option, per Mausklick ein Angebot anzufordern. Solche Tools dienen also bestenfalls der Orientierung.

Die Stiftung Warentest veröffentlicht regelmäßig Untersuchungen, welche Anbieter aktuell günstige Zinsen für Wohngebäudesanierungen haben. Wir gehen dabei von bestimmten Grundannahmen etwa zum Kreditvolumen oder der Laufzeit aus, die nicht unbedingt mit den Ihrigen übereinstimmen. Aber damit haben Sie zumindest eine Liste von Anbietern, die infrage kommen. Wenn Sie eine Komplettsanierung zum Effizienzhaus vorhaben, können Sie unter dem Link kfw.de/beratungsanfrage die KfW-Finanzierungspartner in der Nähe abgleichen. Von mindestens drei Geldgebern sollten Sie dann Angebote anfordern und vergleichen.

Der Effektivzins drängt sich als Vergleichsmaßstab auf. Doch dazu taugt er nur, wenn die Angebote auf übereinstimmenden Vorgaben fußen. Das sind zunächst die Kreditsumme und die gewünschte monatliche Rate. Die im Formular L ermittelte monatliche Belastungsgrenze sollten Sie keinesfalls überschreiten. Außerdem sollten Sie sich Gedanken zur Rückzahlung machen: Streben Sie ein Volltilgerdarlehen an? Das kann bei einer hohen Kreditsumme und moderaten Raten dazu führen, dass sich die Rückzahlung bis weit ins Rentenalter hinein erstreckt.

Alternativ können Sie selbst eine Laufzeit festlegen, an deren Ende dann eine Restschuld steht, für die Sie neue Konditionen und vielleicht auch neue Raten vereinbaren.

Sondertilgungen oder die Möglichkeit, die monatliche Rate zu ändern, erhöhen Ihre Flexibilität. Die dafür möglicherweise entstehenden Kosten sind Teil des Angebotsvergleichs.

Maßnahmen beauftragen und umsetzen

Wenn die Finanzierung geregelt ist, kann die Umsetzung beginnen. Bei der Auftragsvergabe, der Kontrolle am Bau und schließlich der Abnahme und Abrechnung lauern zahlreiche Fallstricke.

Auftrag und Bauvertrag

Die Beauftragung der Handwerker ist der Startpunkt für eine Zusammenarbeit, die oft mehrere Wochen dauert. Um Unklarheiten, eventuelle Streitigkeiten und nicht zuletzt Baumängel zu vermeiden, müssen im Bauvertrag alle wichtigen Parameter festgehalten werden.

Solange die Zuwendungsbescheide und/oder Kreditbewilligungen noch nicht vorliegen, darf mit dem eigentlichen Vorhaben noch nicht begonnen werden, so die Richtlinien der Fördermittelgeber des Bundes, KfW und Bafa. Einzige Ausnahme ist die Heizungserneuerung. Hier können Sanierer den Förderantrag erst nach der Beauftragung eines Unternehmens stellen. Mit der Firma muss eine aufschiebende oder auflösende Bedingung der Förderzusage vereinbart sein. Für alle anderen Vorhaben gilt: Planungs- und Beratungsleistungen sowie alle nicht förderfähigen Maßnahmen gelten nicht als Vorhabensbeginn. Eine Statikprüfung für die neue Solaranlage auf dem Dach kann also jetzt schon beauftragt werden und erfolgen, die verkehrsmäßige Erschließung der Baustelle ebenfalls.

Vertragsformen

Sobald die Zusagen der Geldgeber da sind, können Sie die ausführende Firma beauftragen. Grundlage dafür ist deren verbindlicher Kostenvoranschlag oder ein verbindliches Angebot (siehe „Kostenvoranschlag oder Angebot vom Handwerker", S. 59). Es ist durchaus üblich, dass Angebote im Zuge der Absprachen einmal oder gar mehrfach überarbeitet werden. Bauherren müssen also darauf achten, dass sie die aktuellste Version der Kostenaufstellung verwenden. Diese muss neben der Auflistung von Leistungen, Materialien und Preisen auch die Termine von Arbeitsbeginn und Fertigstellung enthalten. Bei größeren Sanierungen hat es sich bewährt, einen Bauzeitenplan beizufügen. Auch Zahlungsbedingungen müssen berücksichtigt werden. Gewährt das Unternehmen einen Skonto, also einen freiwilligen Preisnachlass in Höhe von zwei oder drei Prozent des Bruttobetrags bei Zahlung direkt nach Rechnungslegung? Werden Abschlagszahlungen vereinbart? Zu welchen Terminen oder Leistungsschritten? Der Vertrag kommt zustande, indem der Auftraggeber einen verbindlichen Kostenvoranschlag oder ein Angebot schriftlich bestätigt.

Das Bürgerliche Gesetzbuch (BGB) unterscheidet seit der Reform des Bauvertragsrechts 2018 zwischen Bauvertrag, Verbraucherbauvertrag und Werkvertrag, für die jeweils unterschiedliche Anforderungen gelten. Welche dieser Vertragsformen zur Anwendung kommt, richtet sich nach der konkreten Maßnahme.

Privatpersonen, die ein Unternehmen mit umfangreichen Umbauten, größeren Sanierungen oder wesentlichen Instandsetzungen beauftragen, schließen einen sogenannten Verbraucherbauvertrag (§ 650i Abs. 1 BGB). Bei Verträgen dieser Art wird der Verbraucher besonders geschützt. Ein zentraler Bestandteil ist die Baubeschreibung. Die muss das Unternehmen immer dann vorlegen, wenn der Bauherr oder ein von ihm beauftragter Architekt nicht wesentliche Planungsvorgaben macht. Die Baubeschreibung definiert die zu erbringende Leistung sowie die verwendeten Materialien und Technik. So müssen beispielsweise nicht nur Leistungsparameter für den neuen Wärmeerzeuger, sondern auch Hersteller und Typenbezeichnung genannt werden. Die Baubeschreibung muss auch verbindliche Angaben zum Zeitpunkt der Fertigstellung oder – falls der Baubeginn noch nicht feststeht – zur Dauer der Maßnahme beinhalten. Zum Verbraucherbauvertrag gehören zudem Regelungen zu Abschlagszahlungen, zur Herausgabe von Unterlagen und zum Widerrufsrecht.

Wenn es dagegen nur um eine einzelne Maßnahme – etwa die Heizungserneuerung – geht, greift das allgemeine Werkvertragsrecht. Dabei handelt es sich um allgemeine privatrechtliche Vorschriften, die nicht spezifisch auf Baumaßnahmen ausgelegt sind. Der Auftragnehmer schuldet die vertragsgemäße Herstellung des versprochenen Bauwerkes gegen Zahlung einer Vergütung. Auch in einem solchen Fall ist empfehlenswert, die Leistungen erstens schriftlich und zweitens möglichst genau zu formulieren.

Vertragsbedingungen

Unter einem Kostenvoranschlag oder Angebot findet sich in aller Regel ein lapidarer Satz „Die Leistungen werden gemäß …" erbracht. Dieser Passus ist für Bauherren wichtiger, als er auf den ersten Blick aussieht. Die Vertragsbedingungen können gemäß der „Vergabe- und Vertragsordnung für Bauleistungen – Teil B: Allgemeine Vertragsbedingungen für die Ausführung von Bauleistungen" (VOB/B) oder gemäß Bürgerlichem Gesetzbuch (BGB) vereinbart werden. Die beiden Regelwerke unterscheiden sich beispielsweise in den Vorgaben zu Bauabnahmen und in der Dauer der Gewährleistung (VOB/B: 4 Jahre, BGB: 5 Jahre). Manche Handwerker verwenden auch selbst entwickelte Allgemeine Geschäftsbedingungen (AGB). Diese unterliegen der Inhaltskontrolle nach den Vorschriften des BGB. Klauseln, die den Bauherrn im Vergleich zum Bürgelichen Gesetzbuch benachteiligen, sind also unwirksam (siehe „Mängel und Gewährleistung", ab S. 83).

Das Risiko, dass Firmen mangelhafte Leistungen erbringen, dann Insolvenz anmelden und die Bauherren finanziell Schaden nehmen, lässt sich nicht vollständig ausschließen. Aber es kann durch die Vereinbarung von Sicherheitsleistungen verringert werden. Bei Verbraucherbauverträgen sind Bauherren nach § 650m BGB gleich zweifach geschützt: Der Bauunternehmer darf maximal 90 Prozent der vereinbarten Gesamtvergütung in Form von Abschlägen verlangen. Und er muss eine Sicherheit von 5 Prozent der Gesamtvergütung leisten (Erfüllungssicherheit). Diesen Betrag dürfen Bauherren von der ersten Rate abziehen und einbehalten, bis der Bau fertig ist – also bis zur Bauabnahme. Alternativ kann die Firma eine Garantie stellen oder ein Zahlungsversprechen einer Bank oder eines Kreditversi-

NUTZUNGSHINWEIS

Formular O: Checkliste Bauvertrag

Der Zentralverband Deutsches Baugewerbe stellt gemeinsam mit dem Eigentümerverband Haus & Grund zwei kostenlose Vertragsmuster zur Verfügung – einen für die Beauftragung von Einzelgewerken und einen Verbraucherbauvertrag für erhebliche Umbaumaßnahmen (unter dem Link zdb.de/publikationen/verbraucher-bauvertraege). In der Praxis stehen Eigentümer allerdings häufig vor dem Problem, dass eine Firma einen eigenen Vertragsentwurf vorlegt oder dass das Angebot das einzige schriftliche Dokument ist. Mit unserer Checkliste können Sie prüfen, ob in solchen Fällen alle wichtigen Parameter enthalten sind.

cherers abgeben, zum Beispiel eine Bankbürgschaft. Für andere Vertragsformen gibt es keine vergleichbaren gesetzlichen Vorgaben. Es spricht jedoch nichts dagegen, solche Regelungen in den Vertrag aufzunehmen.

Auch während der Gewährleistungszeit von fünf Jahren (BGB) oder vier Jahren (VOB) kann es Ärger geben, wenn sich Mängel am Haus zeigen und die Firma sich weigert, diese zu beseitigen, oder das Unternehmen insolvent ist und gar nicht mehr existiert. Empfehlenswert ist deshalb, im Vertrag eine Gewährleistungsbürgschaft oder einen **Sicherheitseinbehalt** (Gewährleistungssicherheit) von zum Beispiel 3 oder 5 Prozent der Netto-Schlussrechnungssumme zu vereinbaren. Dieser Betrag wird dann erst nach Ablauf der Gewährleistungsfrist gezahlt.

Bauanzeige nicht vergessen!

Viele Maßnahmen erfordern eine Anzeige bei der zuständigen Baurechtsbehörde. Diese hat spätestens eine Woche vor Baubeginn zu erfolgen. Dabei muss auch ein verantwortlicher Bauleiter benannt werden.

Koordination von mehreren Firmen

An Ihrer Sanierung sind mehrere Firmen beteiligt? Dann besteht eine große Herausforderung darin, dass alle notwendigen Leistungen und Materialien abgedeckt, aber nicht doppelt veranschlagt werden. Ein Beispiel: Ist die Dämmung der Fassade samt Fenstererneuerung geplant, so müssen die alten Fensterbänke demontiert und entsorgt werden. Diese Aufgabe kann der Fassadenbauer oder der Fensterbauer übernehmen. Entscheidend ist, dass die Leistung nur in einem Angebot auftaucht und beauftragt wird. Die zweite Firma muss darüber natürlich Bescheid wissen.

Auch die Abläufe auf der Baustelle müssen koordiniert werden. Mindestens der Beginn der jeweiligen Arbeiten vor Ort und der Zeitpunkt der Fertigstellung oder die Dauer der Bauausführung sollten in jedem Vertrag festgehalten werden. Diese Termine können in einem Bauzeitenplan dargestellt werden. Er macht Überlappungen sichtbar, gibt allen Beteiligten Planungssicherheit und verhindert Chaos, Verzögerungen und unnötige Kosten. Im Idealfall werden Bestellfristen für Bauteile oder Materialien, Liefertermine und Abnahmetermine sowie Zeitspannen, in denen die Baustelle nicht betreten werden darf, und Bauferien ergänzt. Für einen unabhängigen Baukontrolleur (siehe Professionelle Baubegleitung, S. 77) ist der Bauzeitenplan ein gutes Instrument, um Baustellenbegehungen zu planen.

Inhaltliche Überlappungen erkennen Bauherren ohne Sanierungserfahrung nur schwer. Und auch die Erstellung eines Bauzeitenplans ist für Laien knifflig. Für dieses Dilemma gibt es drei Lösungswege:

→ Ein Generalunternehmer übernimmt die gesamte Sanierung.

→ Bauherrenberater von Verbraucherschutzverbänden übernehmen die Prüfung von Angeboten und Bauverträgen.

→ Ein Planer oder Bauleiter prüft die Unterlagen und koordiniert die Arbeiten im Auftrag der Bauherren.

Kontrolle am Bau

Die Einrichtung der Baustelle markiert den Beginn der nächsten Etappe. Jetzt können Sie sehen, wie Ihre Sanierung Gestalt annimmt und sich an den Fortschritten freuen. Die Handwerkerarbeiten müssen jedoch auch überwacht werden. Das betrifft die technische, rechtliche und kaufmännische Kontrolle.

Hat man niemanden mit der Bauleitung beauftragt, muss man diese selbst vornehmen. Diese Aufgabe ist nicht ganz einfach. Und wenn Fehler übersehen werden, kann das weitreichende Folgen haben. Deshalb will es wohlüberlegt sein, ob man die Kontrolle selbst übernimmt oder doch lieber einen Fachmann beauftragt.

Im Internet finden sich unzählige Checklisten zur Baukontrolle. Sie betreffen vor allem die Bauausführung und listen beispielsweise auf, welche Bauteile sich Bauherren genau ansehen sollten. Das Problem ist jedoch: Mit dem wenig geschulten Auge eines Laien erkennt man mögliche Fehler oft nicht. Dieses Risiko ist umso größer, je komplexer ein Bauvorhaben ist und je mehr Gewerke daran beteiligt sind. Hinzu kommt, dass solche Checklisten immer sehr allgemeinen Charakter haben. Bei jeder Sanierung gibt es jedoch individuelle Schwachpunkte und Problembereiche. Mindestens bei einer Komplettsanierung ist eine professionelle Baubegleitung deshalb sehr empfehlenswert.

Professionelle Baubegleitung

Bauberatung und/oder Baubegleitung bieten unter anderem Verbände und Prüfinstitute, Architekten- und Ingenieurbüros, Baufirmen und sogar Banken an. Oft ist nicht ganz einfach zu erkennen, wer mit welcher Qualifikation in welcher Form welche Leistungen erbringt. Bei der Auswahl heißt es also, ganz genau hinschauen. Gesucht wird ein unabhängiger, marktneutraler Experte für das konkrete Bauvorhaben und die Kontrollaufgaben, die vergeben werden sollen.

Manch ein Generalunternehmer offeriert Baukontrolle als Teil des Paketes. In diesem Fall ist der Experte wirtschaftlich von der Baufirma abhängig und entscheidet im Zweifelsfall zu ihren Gunsten. Als Bauherr brauchen Sie jedoch einen Sachverständigen, der Ihre Interessen vertritt. Die Begriffe „Baubegleiter" oder „Sachverständiger" sind nicht geschützt. Entsprechend tummeln sich auf dem Markt viele selbst ernannte Experten. Eine gute fachliche Basis ist ein Hochschulabschluss als Architekt oder Bauingenieur für Hochbau. Wichtig sind jedoch auch Erfahrungen auf der Baustelle. Für Sanierungswillige sind Verbraucherschutzverbände (siehe „Wer kann mich begleiten?", ab S. 14) eine gute Anlaufstelle auf der Suche nach einem Baubegleiter.

Wie seine Tätigkeit genau aussieht, muss im Einzelfall abgesprochen und vertraglich vereinbart werden. Die baubegleitende Qualitätskontrolle besteht immer aus mehreren ausführlichen Terminen auf der Baustelle. Dabei prüft der Experte die mangelfreie und fachgerechte Bauausführung gemäß den anerkannten Regeln der Technik. Er vergleicht, ob die Leistungen dem Bauvertrag und der Baubeschreibung entsprechen und hat im Blick, ob Kostenüberschreitungen oder Terminverzögerungen entstehen.

Die Anzahl der Begehungen und Festlegung der Termine hängt immer vom konkreten Vorhaben ab. Entscheidend ist, dass der Fachmann nicht erst das fertige Werk sieht, sondern die Konstruktion der Bauteile an neuralgischen Bauabschnitten beurteilen kann, solange sie noch nicht überdeckt oder überbaut sind. Bei einem neu eingedeckten Dach ist auch für ihn schwer erkennbar, ob die Dampfsperre luftdicht an Mauerwerk und Sparren befestigt ist und die Fächer zwischen den Sparren lückenlos mit Dämmmaterial ausgefüllt sind. Und unter dem schönsten Fassadenputz können die Dämmplatten auf einem Mauerwerk mit mangelhaft behandelten Vorschäden montiert sein. Oder beim Einbau der neuen Fenster wurde zwischen Fenster und Mauerwerk das abdichtende Kompriband vergessen. Rechtzeitig entdeckt, lassen sich solche Mängel ohne großen Aufwand beseitigen. Der Zeitpunkt der Kontrolle richtet sich also maßgeblich nach dem Baufortschritt.

Erkennt der Kontrolleur bei der Begehung einen Fehler, so sollte er ihn zunächst mit Fotos dokumentieren. Je nach Aufgabenteilung und Ermächtigung muss er, der leitende Planer oder der Eigentümer den festgestellten Mangel unverzüglich anzeigen (bei einem VOB-Vertrag) beziehungsweise rügen (bei einem BGB-Vertrag) und die ausführende Firma schriftlich auffordern, den Mangel innerhalb einer angemessenen Frist zu beheben. Üblich ist eine Frist von 14 Tagen. Hat das Unternehmen den Fehler behoben, ist eine anschließende erneute Kontrolle zwingend erforderlich. Manchmal, aber nicht immer können mehrere Gewerke in einem Termin kontrolliert werden.

Im Verlauf der Baumaßnahmen werden die ausführenden Firmen Abschlagsrechnungen stellen, worauf am Ende die Schlussrechnung folgt. Die Prüfung der Rechnungen ist ebenfalls Teil der Baukontrolle.

Versicherungen

Je nach Umfang und Umsetzung der Sanierung brauchen Bauherren in der Bauphase zusätzliche Versicherungen:

- Die **Bauherren-Haftpflichtversicherung** greift, wenn Dritte oder deren Eigentum auf oder durch die Baustelle Schaden nehmen. Wenn ein Ziegel herunterfällt und jemanden verletzt oder ein Bagger beim Erdaushub den Baum des Nachbarn beschädigt, kann das teuer werden. Wenn man bereits eine private Haftpflichtversicherung hat, lohnt sich die Nachfrage, ob ein entsprechender Schutz enthalten ist. Oft ist das bis zu einem bestimmten Bauvolumen der Fall. Alternativ kann die Versicherung eventuell temporär erweitert werden. Ansonsten ist eine gesonderte Bauherren-Haftpflichtversicherung notwendig.
- Wer selbst auf der Baustelle anpacken will, sollte über eine **freiwillige Unfallversicherung** nachdenken.
- Private Hilfskräfte – Freunde, Bekannte und Verwandte – muss man zwingend bei der **Berufsgenossenschaft der Bauwirtschaft** (BG Bau) anmelden. Verunfallt ein Helfer auf der Baustelle oder auf dem Weg dorthin, übernimmt die BG Bau die Kosten für die Heilbehandlung und schützt den Bauherren vor Schadensersatzansprüchen. Der Beitrag je Helferstunde belief sich in 2023 in den alten Bundesländern auf 1,76 Euro, in den neuen Bundesländern auf 1,71 Euro. Der Mindestbeitrag beträgt aktuell 100 Euro. Grundlage ist die Dokumentation der geleisteten Stunden beispielsweise in Form eines Bautagebuchs. Unter bgbau.de/private-bauherrinnen-und-bauherren finden Sie weitere Informationen.

Veränderungen in der Bauphase

Vor allem bei komplexen Vorhaben kommt es immer wieder vor, dass mit dem Baufortschritt Anpassungen der Vereinbarungen mit einem Fachhandwerker erforderlich sind. Veränderungen des Auftrags sollten immer gemeinsam entwickelt und schriftlich fixiert werden. So lassen sich Unklarheiten und Streitigkeiten vermeiden. Wichtig ist, neben der geänderten Ausführung auch die Preisdifferenz – egal in welche Richtung – festzulegen.

Wenn ein Handwerker in der Bauphase erkennt, dass sein Kostenvoranschlag „wesentlich überschritten" wird, ist er gesetzlich verpflichtet, den Auftraggeber unverzüglich darüber zu informieren. Nach Auffassung der Gerichte gilt eine Überschreitung von 10 bis 20 Prozent, manchmal sogar von bis zu 25 Prozent als „unwesentlich". Im Falle einer wesentlichen Überschreitung steht dem Bauherrn ein außerordentliches Kündigungsrecht zu. Wenn er davon Gebrauch macht, hat der Handwerker Anspruch auf den Teil der Vergütung, der seiner bereits geleisteten Arbeit gleichkommt. Es empfiehlt sich, in einer solchen Situation einen Fachanwalt beispielsweise bei einem Verbraucherschutzverein zu Rate zu ziehen. Immerhin zieht die Kündigung eines Bauvertrags weitreichende Verzögerungen auf der Baustelle nach sich. Und auch der Aufwand, eine neue Fachfirma zu finden und mit dieser eine Vereinbarung zu treffen, ist nicht zu unterschätzen.

Abnahme und Abrechnung

Die Abnahmen der Leistungen der einzelnen Gewerke gehören zu den wichtigsten Terminen im gesamten Sanierungsprozess. Sie haben weitreichende rechtliche und finanzielle Folgen.

Hat eine Firma die vereinbarte Leistung erbracht, so hat sie gegen den Auftraggeber den Anspruch auf Abnahme der Bauleistung. Bei einer größeren Sanierung mit mehreren Gewerken sind also zahlreiche Abnahmen erforderlich. Diese sollten sinnvollerweise immer direkt nach Beendigung der jeweiligen Arbeiten erfolgen.

Sie haben einen externen Baukontrolleur beauftragt (siehe „Professionelle Baubegleitung", S. 77)? Dann sollten die Vorbereitung und Begleitung der Abnahme(n) und die anschließende Ausübung der Gewährleistungsrechte Teil seiner Aufgaben sein und im Vertrag mit ihm explizit genannt werden.

Formen der Abnahme

Unbedingt empfehlenswert ist eine **förmliche Abnahme**. Sie läuft nach bestimmten Spielregeln ab: Bei einem gemeinsamen Vor-Ort-Termin mit dem Bauunternehmen wird ein Protokoll geführt, das anschließend von allen Parteien unterzeichnet werden muss. Bauherr und Baufirma haben das Recht, Sachverständige einzuladen und Drit-

NUTZUNGSHINWEIS

Formular P: Abnahmeprotokoll

Gesetzliche Vorgaben oder gar Muster zu Abnahmeprotokollen gibt es nicht. Die Anwendungsfälle sind zu unterschiedlich, als dass sie sich in einem Format darstellen ließen. Viele Handwerksfirmen haben ihre eigenen Vorlagen. Dagegen ist nichts einzuwenden – solange alle wichtigen Angaben enthalten sind. Die finden Sie in unserem Formular. Sie können auch mit Ihren Firmen absprechen, dass Sie diese Vorlage verwenden. Eventuell sind darin individuelle Anpassungen erforderlich.

te mitzubringen. Es ist ratsam, die förmliche Abnahme bereits im Vertrag mit den ausführenden Unternehmen und gegebenenfalls auch mit den leitenden Planern und dem Baukontrolleuer zu verankern.

Andere Formen der Abnahme sind für Eigentümer mit enormen Risiken behaftet. Bei einer **ausdrücklichen Abnahme** erklärt der Bauherr mündlich oder schriftlich ohne Beachtung besonderer Förmlichkeiten, dass er die Leistung als vertragsgemäß billigt. Eine **konkludente (auch stillschweigende) Abnahme** erfolgt durch das Verhalten der Auftraggeber. Wenn im Gebäude eine neue Heizung eingebaut wurde, diese in Betrieb genommen und längere Zeit ohne Widerspruch oder Mängelrüge genutzt wird, darf der Installateur daraus schließen, dass die Leistung auch ohne ausdrückliche Willenserklärung akzeptiert wurde.

Noch tückischer als die ausdrückliche und die konkludente Abnahme ist die **fiktive Abnahme**: Eine Bauleistung gilt als abgenommen, wenn der Unternehmer dem Eigentümer nach Fertigstellung der Arbeiten eine angemessene Frist zur Abnahme gesetzt hat und dieser die Abnahme nicht fristgemäß unter Angabe mindestens eines Mangels verweigert hat. Wurden als Grundlage des Bauvertrags VOB/B vereinbart, dann gilt die Leistung sogar mit Ablauf von 12 Werktagen als abgenommen, nachdem der Auftragnehmer schriftlich mitgeteilt hat, dass die Arbeiten fertiggestellt sind, und der Eigentümer nicht reagiert hat.

Bedeutung der Abnahme

- ➜ Mit der Abnahme der Bauleistung erklärt der Bauherr, dass die Firma den gemeinsamen Vertrag erfüllt hat und ihre Leistung im Wesentlichen dem entspricht, was vertraglich vereinbart wurde.
- ➜ Die Schlussrechnung wird fällig.
- ➜ Ohne Vorbehalt verliert der Auftraggeber den Anspruch auf Beseitigung der bekannten Mängel.
- ➜ Die Beweislast für Mängel geht vom Auftragnehmer auf den Eigentümer über.
- ➜ Die Verjährungsfristen beginnen.
- ➜ Alle Verantwortlichkeiten, Gefahren und Risiken für Schäden an den Bauleistungen gehen auf den Bauherren über.

Vorbereitung und Durchführung der förmlichen Abnahme

Damit bei der förmlichen Abnahme nichts vergessen oder übersehen wird, sollten Sie – im Idealfall mit einem Baubegleiter – im Vorfeld in aller Ruhe eine gemeinsame Begehung durchführen und Punkt für Punkt besprechen, ob die Ausführung der Leistungsbeschreibung entspricht. Wichtige Hilfsmittel sind Wasserwaage, Zollstock, eine Kamera sowie Stift und Papier. Alle von der Baumaßnahme betroffenen Bauteile sollten gründlich inspiziert und bei der Anlagentechnik sämtliche Funktionen getestet werden. Funktionieren die neue Heizung in allen Räumen und die Warmwasserbereitung an allen Entnahmestellen? Abweichungen vom Vertrag und erkennbare Mängel, aber auch Fragen kommen auf eine Liste.

Beim Abnahme-Termin begutachten Bauherr und Baukontrolleur gemeinsam mit dem Bauunternehmer die Leistungen. Dabei gilt das besondere Augenmerk den zuvor festgestellten Mängeln. Von ihrem Umfang hängt ab, ob die Leistung abgenommen oder (zunächst) verweigert wird (siehe unten).

Die eigentliche Abnahme erfolgt durch eine entsprechende schriftliche Erklärung des Eigentümers gegenüber dem Auftragnehmer. Entscheidend ist dabei das gemeinsame schriftliche Protokoll des Termins. Wenn jede Vertragsseite ihr eigenes Protokoll schreibt und sich dieses von der anderen Seite gegenzeichnen lässt, ist im Streitfall nicht klar, welche Version verbindlich vereinbart wurde.

Eine Mängelauflistung in der Anlage zum Protokoll sollte Folgendes enthalten:

- → Genaue Beschreibung der Mängel,
- → exakte Angabe, wo sie sich befinden,
- → bei großen Mängeln: ergänzende Fotodokumentation als Anlage zum Abnahmeprotokoll,
- → zur Illustration Fotos mit Zollstock anfertigen (z. B. bei Rissen),
- → auch Mängel auflisten, die vor der Abnahme bereits angezeigt/gerügt worden sind.

Müssen Mängel behoben werden, ist es ratsam, gleich einen zweiten Abnahmetermin zu vereinbaren. Vom Abnahmeprotokoll und der Abnahmeerklärung erhalten alle Parteien eine Durchschrift. Das Exemplar des Eigentümers gehört in die Sanierungsakte.

Abnahme verweigern

Eigentümer können die Abnahme in drei Fällen verweigern:

- → Die Leistung weicht in wesentlichen Teilen vom Auftrag ab.
- → Die Leistung wurde nicht vollständig erbracht.
- → Es bestehen erhebliche Mängel, die beispielsweise die Gebrauchstauglichkeit beeinträchtigen oder gar Personen gefährden.

Wegen unwesentlicher Mängel darf die Abnahme hingegen nicht verweigert werden. Bei einer Abnahmeverweigerung hat der Auftragnehmer das Recht, eine Zustandsfeststellung zu verlangen, um Beweisschwierigkeiten bezüglich der geltend gemachten Mängel zu vermeiden. An dieser Zustandsfeststellung müssen Sie zwar nicht mitwirken. Doch wenn Sie den vereinbarten oder vorgeschlagenen Termin nicht wahrnehmen, kann das Bauunternehmen eine einseitige Zustandsfeststellung treffen. Das kann für Sie nachteilig sein. Bei allen Mängeln, die in einer einseitigen Zustandsfeststellung nicht aufgeführt sind, kann davon

NUTZUNGSHINWEIS

Formular Q: Prüfaspekte für Rechnungen

In unserem Formular haben wir die 11 wichtigsten Fragen zusammen getragen, die Sie bei der Prüfung einer Rechnung bedenken müssen. Wenn Sie einen Architekten beauftragt haben, übernimmt dieser die Prüfung. Falls Ihre Sanierung von einem unabhängigen Experten begleitet wurde, sollten Sie diesen zur Rechnungsprüfung an Ihre Seite holen.

ausgegangen werden, dass sie nachträglich entstanden und daher vom Auftraggeber zu verantworten sind. Eine solche Situation wird eine schnelle Beseitigung der Mängel wohl kaum befördern.

Prüfung der Schlussrechnungen

Nach der Abnahme darf die beauftragte Firma ihre Schlussrechnung stellen. Diese muss laut Gesetz „prüffähig" sein (§ 650g Abs. 4 BGB bzw. § 14 Abs. 1 Satz 1 VOB/B). Das bedeutet: Der Bauherr muss anhand der Rechnung nachvollziehen können, welche Leistungen die Firma in welchem Umfang erbracht hat und zu welchem Preis sie diese bezahlt haben möchte. Dafür muss die Rechnung eine übersichtliche Aufstellung der erbrachten Leistungen nebst Mengenberechnungen, Zeichnungen und anderen Belegen beinhalten. Ist die Rechnung für Sie nicht verständlich, müssen Sie die fehlende Prüfbarkeit innerhalb von 30 Tagen beanstanden.

Zurückbehaltungsrecht

Es kommt nicht selten vor, dass die Bauleistung im Wesentlichen erbracht wurde, jedoch noch große oder zahlreiche kleine Mängel vorliegen, die behoben werden müssen. Dann dürfen Bauherren bis zur Beseitigung der Mängel das Doppelte des für die Nachbesserung notwendigen Betrages als sogenannten Druckzuschlag von der Rechnung einbehalten (§ 641 Abs. 3 BGB).

Wichtige Dokumente

Wenn Sie die steuerliche Förderung (siehe „Steuerliche Abschreibung von energetischen Sanierungsmaßnahmen", S. 67) für die energetische Sanierung nutzen möchten, benötigen Sie Fachunternehmererklärungen. Darin bestätigen die ausführenden Firmen, dass sie die Vorgaben der Förderrichtlinie eingehalten haben. Auch wenn der Heizungstausch die einzige Maßnahme war und Sie keinen Energieeffizienz-Experten beauftragt haben, brauchen Sie eine solche Erklärung. Diese reichen Sie zusammen mit der Schlussrechnung bei der KfW ein, um den Förderzuschuss zu erhalten.
Bei allen anderen Sanierungen ist die Einbeziehung eines Energieberaters Pflicht. Er bescheinigt die fachgerechte Umsetzung der Maßnahme gegenüber der KfW beziehungsweise dem Bafa. Unabhängig von Fördermitteln brauchen Sie den Energieberater auch in einem anderen Fall: Wurden für das gesamte Gebäude umfangreiche energetische Berechnungen angestellt, müssen Sie einen Energiebedarfsausweis ausstellen lassen (§ 80 Abs. 2 GEG).

Behördliche Abnahmen

Neben den privaten Abnahmen mit den ausführenden Unternehmen stehen eventuell noch behördliche Abnahmen an: Das Bauordnungsamt, das Denkmalamt oder weitere involvierte Behörden kontrollieren vor Ort, ob die Arbeiten in Übereinstimmung mit den öffentlichen Normen und Verordnungen sowie eventuell erteilten Auflagen durchgeführt wurden. Manchmal werden nach Ende der Maßnahmen auch nur Bescheinigungen seitens der Bauleitung oder auch die Vorlage von Unternehmererklärungen verlangt.

Mängel und Gewährleistung

Mit der Abnahme kehrt sich die Beweislast um. Treten während der nun beginnenden Gewährleistung Mängel auf, so muss der Eigentümer diese nachweisen. Das ist zwar mühsam, sollte jedoch keinesfalls daran hindern, die Gewährleistungsrechte in Anspruch zu nehmen.

Bis zum Ablauf der Gewährleistungsfristen (5 Jahre nach BGB, 4 Jahre nach VOB/B) muss der Bauunternehmer alle Mängel an den Baumaßnahmen, die bei der Abnahme nicht gesehen wurden, aber auf Ausführungsfehlern beruhen, auf seine Kosten beheben.

Erfolgskontrolle

Einen wichtigen Beitrag zur Mängelkontrolle können Eigentümer leisten, indem sie ihre Energieverbräuche regelmäßig überwachen. In der Planungsphase waren in der Regel künftige Verbräuche errechnet worden. Viele Sanierer sind enttäuscht, wenn diese Werte – und damit die errechneten Einsparungen und Wirtschaftlichkeitseffekte – im Jahr der Sanierung und im ersten Jahr danach nicht erreicht werden. Tatsächlich ist das eher die Regel und zunächst noch kein Grund zur Beunruhigung. Zum einen liegt der tatsächliche Energieverbrauch in Gebäuden mit schlechter Energieeffizienz Studien zufolge deutlich unter dem errechneten Verbrauch. Dieser sogenannte Prebound-Effekt ist umso ausgeprägter, je schlechter der Energiekennwert ist. Bewohner eines Hauses mit schlechter Energieeffizienz sparen beim Heizen. Doch was nie verbraucht wurde, kann auch nicht eingespart werden. Zum anderen kann vor allem der Baustrom den Energieverbrauch während der Bauarbeiten zusätzlich erhöhen. Und nach Abschluss der Sanierung befindet sich aufgrund von Maurer- und Putzarbeiten noch Restfeuchte in den Räumen, die über einige Monate hinweg trocken geheizt wird. Hinzu kommen sogenannte Rebound-Effekte: Anders als in allen Berechnungen angenommen, bleibt das Nutzerverhalten nach einer Dämmung oder dem Einbau einer effizienten Heizung nicht immer konstant. Manch ein Bewohner hat jetzt das Gefühl, nicht mehr (so viel) sparen zu müssen. Wer eine energieeffiziente Heizung installiert hat, die mit erneuerbaren Energien gespeist wird, achtet weniger akribisch auf die Temperaturführung oder beheizt nun auch Räume, die zuvor wenig beheizt wurden. Diesem Effekt können Sie gezielt entgegenwirken. Die zeitnahe Überwachung der Verbräuche mittels Smart Meter kann hier eine wichtige Steuerungsfunktion übernehmen.

Besonders hohe Verbräuche können aber auch Warnzeichen sein und auf Bauschäden oder Defekte in der Anlagentechnik hindeuten. Die gilt es, so schnell wie möglich zu erkennen und zu beheben. Dauert es etwa lange, bis in der Wohnung warmes Wasser ankommt? Reagieren einzelne Heizkörper anders als andere? Gibt es Räume, die nicht ausreichend warm werden? Wenn Sie solche Beobachtungen machen, scheuen Sie sich nicht, Ihre Baufirmen zu kontaktieren und um einen Ortstermin zu bitten.

Mängelanzeige

Vor dem Ende der Gewährleistungszeit sollte der Bauleiter oder Baukontrolleur auf jeden Fall noch einmal vorbeikommen und prüfen, dass keine Mängel aufgetreten sind. Am besten notieren Sie sich den oder die Fristen zur Wiedervorlage im Kalender und vereinbaren mit ausreichend zeitlichem Abstand einen Termin. Werden bei der Begehung Mängel dokumentiert, müssen Sie die die Baufirma auffordern, diese zu beseitigen. Zeichnen sich Schwierigkeiten ab, ist es sinnvoll, frühzeitig einen Fachanwalt für Bau- und Architektenrecht hinzuzuziehen.

Nach Gewährleistungsende

Von den ersten Planungen bis zum Ende der Gewährleistungszeit sind mehrere Jahre vergangen. Irgendwann werden die ersten Reparaturen auf Sie zukommen. Oder Sie planen eine weitere Sanierung. Dann ist es hilfreich, wenn Sie auf Planungsunterlagen und Herstellerhinweise, Handwerkerkontakte und Bankadressen zurückgreifen können.

NUTZUNGSHINWEIS

Formular R: Mängelanzeige

Zur Mängelanzeige können Sie unsere Briefvorlage verwenden.

NUTZUNGSHINWEIS

Formular S: Sanierungsakte

In unserer Checkliste sind alle Unterlagen aufgeführt, die in einer vollständigen Sanierungsakte enthalten sein sollten.

Service

Gesetze und Fachbegriffe

Abnahme Mit ihr erkennt der Bauherr die Leistung als weitestgehend ordnungsgemäß an. Damit wird der vertraglich vereinbarte Werklohn fällig. Zugleich geht die Beweislast für Mängel auf den Bauherrn über und die Gewährleistungsfrist beginnt.

Abwärme Wärme oder Kälte, die aus technischen Prozessen und aus baulichen Anlagen stammender Abluft und Abwasserströmen entnommen und energetisch genutzt wird. In Wohngebäuden geschieht das in einer Lüftungsanlage mit ➔ Wärmerückgewinnung.

Angebot Auflistung von Kosten oder Arbeitsschritten und Materialien mit einem Festpreis. Nimmt der Auftraggeber das Angebot an, ist der genannte Preis für die beschriebenen Leistungen verbindlich vereinbart und darf nicht überschritten werden. Wesentlich detaillierter ist ein ➔ Kostenvoranschlag.

Annuitätendarlehen Darlehen, für das während der vereinbarten Zinsbindung gleichbleibend hohe Raten aus Zins und Tilgung zu zahlen sind. Die Jahresrate ist die Annuität.

Asbest Sammelbegriff für natürlich vorkommende, faserartige Silikat-Mineralien, die aufgrund ihrer hohen Elastizität und Zugfestigkeit bis zum Verbot 1993 in vielen Baustoffen eingesetzt wurden.

Austauschpflicht Nach dem ➔ Gebäudeenergiegesetz müssen Heizkessel, die älter als 30 Jahre sind und mit flüssigen oder gasförmigen Brennstoffen betrieben werden (also vor allem Heizöl oder Erdgas) und eine Heizleistung von 4 bis 400 kW haben, außer Betrieb genommen werden (§ 72). Die Austauschpflicht gilt nicht für ➔ Brennwertkessel und Niedertemperaturkessel. Auch Eigentümer, die ihr Haus seit 2001 selbst bewohnen, sind ausgenommen.

Autarkie Wirtschaftliche Unabhängigkeit durch vollständige oder teilweise Selbstversorgung. Im Kontext von Wohngebäuden ist die Unabhängigkeit von öffentlichen Strom- und/oder Wärmeversorgern durch Eigenstromerzeugung mittels einer ➔ Photovoltaikanlage und/oder durch die Nutzung von ➔ Umweltwärme zur Gebäudeheizung gemeint.

Bafa kurz für Bundesamt für Wirtschaft und Ausfuhrkontrolle. Die Behörde vergibt Zuschüsse aus der ➔ Bundesförderung für effiziente Gebäude (BEG) und ist für alle Einzelmaßnahmen mit Ausnahme der Heizungserneuerung zuständig.

Baubegleiter Vom Bauherrn beauftragter Experte, der die unabhängige Kontrolle der technischen Umsetzung der Baumaßnahmen, eventuell auch der Kosten und/oder des Bauzeitenplans übernimmt.

Bausparvertrag Vertrag mit einer Bausparkasse, mit dem ein Bausparguthaben angesammelt werden kann. Nach Erfüllung von bestimmten Voraussetzungen wie Mindestsparguthaben, Erreichen der Zielbewertungszahl und Ablauf der Sperrfrist kann der Bausparer die gesamte Bausparsumme bestehend aus Mindestsparguthaben und Bauspardarlehen für wohnungswirtschaftliche Zwecke verwenden.

Bauvertrag Grundlage der Zusammenarbeit von Bauherren und ausführender Firma. Im Bürgerlichen Gesetzbuch (BGB, §§ 650 a ff.) sind die Anforderungen an Verträge für unterschiedliche Bauvorhaben formuliert. Private Sanierer schließen üblicherweise einen ➔ Werkvertrag oder einen ➔ Verbraucherbauvertrag.

Biomasse Pflanzen und Pflanzenbestandteile sowie aus diesen hergestellte Energieträger, Abfälle und Nebenprodukte pflanzlicher und tierischer Herkunft aus der Land-, Forst- und Fischwirtschaft sowie Altholz. Die gängigsten Biomasseheizungen in Einfamilienhäusern sind ➔ Pelletheizungen.

Blockheizkraftwerk (BHKW) Kraftwerk, in dem elektrische Energie erzeugt und die dabei entstehende Wärme zur Raumheizung genutzt wird. Das Funktionsprinzip nennt man Kraft-Wärme-Koppelung (KWK).

Brennwertkessel Heizkessel für Warmwasseranlagen, der zumeist mit Erdgas, Heizöl oder Pellets betrieben und bei dem die in den Abgasen enthaltene Energie durch Kondensation des Wasserdampfes genutzt wird.

Bundesförderung für effiziente Gebäude (BEG) Sammelbegriff für die staatlichen Programme zur Förderung von Energieeffizienz und erneuerbaren Energien im Gebäudebereich. Die BEG unterscheidet zwischen Einzelmaßnahmen (BEG EM) und Komplettsanierungen von Wohngebäuden zum Effizienzhaus (BEG WG).

Bundesnetzagentur oberste deutsche Regulierungsbehörde für die

Märkte Elektrizität, Gas, Telekommunikation, Post und Eisenbahnverkehr. Sie führt das ➔ Marktstammdatenregister, in dem private Eigentümer ihre Photovoltaik-Anlage eintragen müssen.

CO_2-Preis (CO_2-Abgabe) Steuer, die seit 2021 auf Brennstoffe erhoben wird, die zum Heizen oder für den Verkehr genutzt werden (Heizöl, Erdgas, Benzin und Diesel) und bei deren Verbrennung klimaschädliches Kohlendioxid entsteht. Der CO_2-Preis steigt jährlich an. Ziel der Abgabe ist, die Emissionen zu senken. Details sind im Brennstoffemissionshandelsgesetz (BEHG) geregelt.

Dämmung Isolierung oder Abschirmung von unerwünschten Einflüssen. Bei der Gebäudesanierung geht es um Wärmedämmung – also die thermische Isolierung der Gebäudehülle oder zwischen beheizten und unbeheizten Räumen – sowie Schalldämmung – also die akustische Trennung von Räumen.

Dampfbremse / Dampfsperre Folie, die verhindert, dass warmfeuchte Raumluft in die Dämmung eindringen und die Dämmwirkung beeinträchtigen oder auch Schimmelbildung befördern kann.

Effizienzhaus Energetischer Standard für Wohngebäude, den die ➔ Kreditanstalt für Wiederaufbaus (KfW) zur Abstufung der staatlichen Förderung nutzt. Ein Effizienzhaus-Standard wird in Bezug zu einem Referenzgebäude definiert, das den Vorgaben des ➔ Gebäudeenergiegesetzes entspricht. Dabei werden zwei Kennwerte herangezogen: der Primärenergiebedarf und der Transmissionswärmeverlust.

Eigenkapital Finanzielle Mittel, die für die Finanzierung eines Vorhabens verfügbar sind.

Eigenverbrauch Anteil des selbst erzeugten Stroms, der direkt im eigenen Gebäude genutzt wird.

Einkommensteuergesetz (EStG) Regelt unter anderem die steuerliche Förderung für energetische Sanierungen (§ 35c) und die Absetzbarkeit von Handwerkerleistungen (§ 35a).

Einspeisevergütung Im Erneuerbare-Energien-Gesetz (EEG) festgelegte staatliche Vergütung für ins öffentliche Netz eingespeisten Strom. Die Einspeisevergütung wird zu dem Zeitpunkt fixiert, an dem die Anlage ans Netz geht, und ist dann für 20 Jahre garantiert. Seit der EEG-Novelle 2022 gibt es für ➔ Teileinspeisung und ➔ Volleinspeisung unterschiedlich hohe Vergütungssätze.

Emissionen Giftige, gesundheits- oder klimaschädliche Stoffe, die an die Umwelt abgegeben werden. Dazu gehören neben Treibhausgasen wie Kohlendioxid und Methan auch Feinstaub und andere Schadstoffe.

Endenergie Anteil der Energie, der beim Verbraucher ankommt und für Heizung, Warmwasserbereitung und Lüftung genutzt werden kann.

Endfälliges Darlehen Kredit, der am Ende seiner Laufzeit auf einen Schlag beglichen wird. Bis dahin zahlen Kunden keine Tilgung, sondern nur Zinsen.

Energieausweis Steckbrief für Wohngebäude mit diversen Daten zum energetischen Standard. Details zu Ausweispflicht, Inhalten, Ausstellungsberechtigten, Gültigkeit etc. sind im ➔ Gebäudeenergiegesetz festgelegt (§§ 79 ff). Eigentümer von Bestandsbauten müssen ein solches Dokument erstellen lassen, wenn das Gebäude umfassend saniert und dabei eine energetische Gesamtbilanzierung aufgestellt wird. Es gibt zwei Arten von Energieausweisen: den ➔ Energiebedarfsausweis und den ➔ Energieverbrauchsausweis.

Energiebedarfsausweis Energieausweis auf Grundlage des berechneten Energiebedarfs. Dazu werden zahlreiche Parameter wie Wohnungszahl, Bauweise der Gebäudehülle und Standort sowie normierte Bedingungen (zum Beispiel Innentemperatur, Klimadaten) herangezogen.

Energieberater Experte, der zu geplanten energetischen Maßnahmen informiert und Empfehlungen ausspricht. Die Bezeichnung ist nicht geschützt. Vor allem Architekten, Ingenieure, Fachhandwerker und Schornsteinfeger bieten Energieberatung an.

Energieeffizienz-Experte Energieberater, der in der von der Deutschen Energieagentur (dena) gepflegten Energieeffizienz-Expertenliste aufgeführt ist. Nur diese Energieberater sind berechtigt, förderfähige Beratungsleistungen zu erbringen und/oder Förderanträge für Bauherren zu stellen.

Energieeffizienzklasse Klassifizierungssystem für unterschiedliche Produktgruppen, gilt nach dem Gebäudeenergiegesetz (§ 86 i.V.m. Anlage 10) auch für Wohngebäude. Die Abstufung reicht von A+ (beste Klasse) bis H (schlechteste Klasse). Grundlage der Einordnung ist der jährliche Endenergieverbrauch oder -bedarf in Kilowattstunden pro Quadratmeter Gebäudenutzfläche. Die Energieeffizienzklasse ist im → Energieausweis angeben.

Energieverbrauchsausweis Energieausweis auf Grundlage des in den letzten drei Jahren erfassten Energieverbrauchs.

Energetische Sanierungsmaßnahmen-Verordnung (ESanMV) Definiert die Anforderungen, die erfüllt werden müssen, um die steuerliche Förderung für eine energetische Sanierung nach dem → Einkommensteuergesetz nutzen zu können.

Erneuerbare Energien, auch **regenerative Energien** Energieträger, die praktisch unerschöpflich zur Verfügung stehen oder in kürzester Zeit nachwachsen können. Dazu gehören Sonnenenergie, Windkraft, Geothermie, Umweltwärme sowie aus → Biomasse gewonnene Energie.

Erneuerbare-Energien-Gesetz (EEG) Instrument zur Förderung von Strom aus → erneuerbaren Energien. Das 2000 in Kraft getretene und mehrfach überarbeitete Gesetz regelt unter anderem die → Einspeisevergütung.

Förderung Bund, Länder und Kommunen unterstützen Eigentümer bei energetischen Maßnahmen durch Zuschüsse und Kredite mit günstigen Konditionen wie niedrigen Zinsen oder Tilgungszuschüssen. Seit 2021 ist die Förderung des Bundes in der → Bundesförderung für effiziente Gebäude (BEG) gebündelt.

Forward-Darlehen Form der Anschlussfinanzierung. Bis zu fünf Jahre vor Ende der Zinsbindung eines ersten Kredites wird der Anschlusskredit samt der Kreditsumme, Ratenhöhe und Zinssatz vereinbart. Ziel ist es, zu vermeiden, dass die Konditionen des zweiten Kredites schlechter sind als die des ersten.

Fossile Energieträger Brennstoffe mit einem hohen Kohlenstoff-Gehalt, die sich gar nicht oder nur über einen Zeitraum von Millionen Jahren regenerieren. Dazu gehören Braunkohle, Steinkohle, Erdgas und Erdöl. Bei ihrer Verbrennung wird neben Wärme auch Kohlendioxid freigesetzt.

Gebäudeenergiegesetz (GEG) In dem seit 1. November 2020 gültigen Gesetz wurden das Energieeinsparungsgesetz (EnEG), die Energieeinsparverordnung (EnEV) und das Erneuerbare-Energien-Wärmegesetz (EEWärmeG) zusammengeführt. Das GEG beinhaltet Anforderungen an die energetische Qualität von Gebäuden und zur Erstellung und Verwendung von Energieausweisen. Das GEG wurde seit seinem Inkrafttreten mehrfach überarbeitet, zuletzt zum 1. Januar 2024. Mit dieser Novelle wurden Vorgaben zur Heizungserneuerung verankert. Umgangssprachlich wird das GEG seither auch „Heizungsgesetz" genannt.

Gewährleistung allgemein: Das Einstehenmüssen für Mängel bei einer erbrachten Leistung. Nach einer Baumaßnahme hat der Bauherr gegenüber der ausführenden Firma bis zum Ablauf der Gewährleistungsfrist den Anspruch, dass sie Baumängel behebt, die zum Zeitpunkt der → Abnahme bereits vorhanden waren. Das gilt auch für Bauschäden, die nicht erkennbar waren.

Grundbuch Bundesweites öffentliches Register mit allen Immobilien und Grundstücken. Es beinhaltet Daten zu Eigentumsverhältnissen, Lasten und Beschränkungen sowie Hypotheken und Grundschulden.

Heizfläche 1. Fläche der Räume, die beheizt werden können. 2. Sammelbegriff für Raumheizkörper und Flächenheizungen 3. Oberflächenanteil von Wärmetauschern, die zur Festlegung der Nennheizleistung angerechnet werden können. Im Zusammenhang mit einer energetischen Sanierung ist Definition 3 besonders relevant: Je größer die vorhandene Heizfläche ist, umso niedriger kann die → Vorlauftemperatur eingestellt werden.

Honorarordnung für Architekten und Ingenieure (HOAI) Enthält unter anderem Honorare als Orientierungswerte.

Hybrid-Heizung Kombination aus zwei Wärmeerzeugern.

Hypothekendarlehen Sammelbegriff für Kredite, die über die Eintragung einer Grundschuld, Hypothek oder Rentenschuld ins → Grundbuch besichert werden.

Individueller Sanierungsfahrplan (iSFP) Ergebnis einer Energieberatung, standardisiertes Format für ein auf das Gebäude zugeschnittenes Sanierungskonzept.

Investitionskosten Summe aller Arbeits- und Materialkosten für ausführende Firmen sowie Nebenkosten.

Jahresarbeitszahl (JAZ) Kennwert für das Verhältnis von erzeugter Wärmeenergie zu eingesetzter elektrischer Energie. Bei Wärmepumpen ist die JAZ die wichtigste Kenngröße für die Effizienz des Heizsystems.

Kerndämmung Methode der nachträglichen Dämmung einer Fassade aus zweischaligem Mauerwerk. Wasserabweisendes Dämmmaterial wird durch Bohrungen in der Außenwand mit Spezialgerät in den Hohlraum eingeblasen.

Kommunale Wärmeplanung (KWP) Erarbeitung von Entwicklungs- und Bauplänen zur klimaneutralen Energieversorgung durch Städte und Gemeinden. Sie müssen bis spätestens 28. Juni 2026 (ab 100 000 Einwohner) beziehungsweise 28. Juni 2028 (bis zu 100 000 Einwohner) einen kommunalen Wärmeplan veröffentlichen, aus dem gebäudegenau hervorgeht, welche Versorgungsmöglichkeiten vorgesehen sind.

Kreditanstalt für Wiederaufbau (KfW) Staatliche Bank, die unter anderem für die Vergabe von Zuschüssen für die Heizungserneuerung und für Förderkredite aus der ➔ Bundesförderung für effiziente Gebäude (BEG) zuständig ist.

Kostenvoranschlag Differenzierte Auflistung vom voraussichtlichen Umfang der Leistung und der dafür anfallenden Vergütung durch eine Baufirma. Anders als im ➔ Angebot handelt es sich bei der genannten Summe nicht um einen Festpreis.

Kraft-Wärme-Kopplung (KWK) Technologie der Energieerzeugung in einem ➔ Blockheizkraftwerk (BHKW).

Kreditnebenkosten Nebenkosten bei der Finanzierung, die nicht im Effektivzins enthalten sind. Dazu zählen unter anderem Wertschätzungsgebühren, Bereitstellungszinsen, Zinsaufschläge für Teilauszahlungen sowie Kontoführungsgebühren.

Marktstammdatenregister Behördliches Register der Gas- und Strom-Anlagen und -Einheiten im deutschen Energiesystem, das durch die ➔ Bundesnetzagentur geführt wird. Alle Marktakteure – auch private Betreiber von PV-Anlagen und Batteriespeichern – sind verpflichtet, ihre Einheiten innerhalb eines Monats nach der Inbetriebnahme zu registrieren.

Modernisierungskredit Zweckgebundener Ratenkredit für eine Sanierung, bei dem die Bank auf die Grundbuchsicherung verzichtet.

Nah-/Fernwärme Wärme, die mittels eines Wärmeträgers durch ein Wärmenetz verteilt wird. Die Bezeichnung bezieht sich auf die Leitungslänge, die Abgrenzung zwischen „nah" und „fern" ist nicht klar definiert.

Nennleistung Vom Hersteller genannte höchste Dauerleistung in Kilowattpeak (kWp), die eine Photovoltaik-Anlage ohne Beeinträchtigung der Lebensdauer oder Sicherheit erbringen kann.

Oberste Geschossdecke Zugängliche, begehbare oder unbegehbare Decke beheizter Räume zum unbeheizten Dachraum.

Pelletheizung Zentralheizung, in der zu Zylindern oder Stäbchen gepresste Holzreste und -abfälle – sogenannte Pellets – verbrannt werden.

Perimeterdämmung Wärmedämmung von erdberührten Gebäudebauteilen an der Außenseite.

Photovoltaik Umwandlung der Strahlungsenergie der Sonne in elektrischen Strom.

Primärenergie Ursprünglich aufgewendete gesamte fossile Energiemenge, die für den Betrieb von Heizung, Warmwasserbereitung und Lüftung im Haus notwendig ist. Dieser Wert bildet die gesamte Kette der Energiebereitstellung ab und gibt Aufschluss über die Umweltauswirkungen des Gebäudes.

Solarpflicht Gesetzliche Vorgaben in mehreren Ländergesetzen, die Eigentümer dazu zu verpflichten, auf oder an ihrem Gebäude eine Photovoltaik-Anlage zu errichten. Sie betrifft vor allem Neubauten, oft aber auch die Nachrüstung für Bestandsgebäude, wenn das Dach umfassend saniert wird.

Solarthermie Umwandlung von Sonnenenergie in nutzbare thermische Energie.

Steckersolargerät Photovoltaik-System aus ein bis zwei Solarmodulen mit einer Leistung von 250 bis 300 Watt. Es funktioniert ähnlich wie eine Photovoltaik-Anlage in klein, kann jedoch von Eigentümern selbst angebracht werden. Die formalen Hürden sind niedrig. Ein Steckersolargerät dient ausschließlich dem ➔ Eigenverbrauch.

Steuerliche Förderung Eigentümer, die ihre Immobilie selbst bewohnen, können alternativ zur direkten Förderung die steuerliche Förderung nutzen. Die Details regelt das ➔ Einkommensteuergesetz (EStG § 35c).

Stromdirektheizung Gerät zur direkten Erzeugung von Raumwärme durch Ausnutzung des elektrischen Widerstands.

Stromspeicher Stationärer Batteriespeicher, in dem der tagsüber durch ➔ Photovoltaik oder ein ➔ Blockheizkraftwerk erzeugte Strom zwischengelagert und für die folgenden Stunden verfügbar gehalten wird.

TA-Lärm Kurz für Technische Anleitung zum Schutz gegen Lärm. Sie regelt den zulässigen Lautstärkepegel nach der Struktur der Bebauung in der Umgebung und ist

u. a. relevant für Luft-Wasser-Wärmepumpen.

Teileinspeisung Seit Anfang 2023 im ➔ Erneuerbare-Energien-Gesetz geregeltes Betriebsmodell von Photovoltaik-Anlagen. Ein Teil des selbst erzeugten Stroms wird im Gebäude verbraucht (➔ Eigenverbrauch) und der Rest eingespeist. Die ➔ Einspeisevergütung ist bei Teileinspeisung niedriger als bei ➔ Volleinspeisung.

Tilgung Anteil der Rate, mit dem ein Darlehen zurückgezahlt wird. Der Tilgungssatz beträgt bei Kreditinstituten anfangs häufig nur ein bis zwei Prozent der Darlehenssumme im Jahr. Da die Schuld durch die Tilgung ständig kleiner wird, sinkt der Zinsanteil der Rate, während der Tilgungsanteil steigt.

U-Wert, auch Wärmedurchgangskoeffizient oder Transmissionswärmeverlust. Kennwert für den Wärmeverlust bei einem Temperaturgefälle von einem Kelvin zwischen Außen und Innenraum pro Quadratmeter. Die Maßeinheit ist $w/(m^2K)$. Der U-Wert bezieht sich auf das gesamte Bauteil.

Verbraucherbauvertrag Form des ➔ Bauvertrags, die seit 2018 im Bürgerlichen Gesetzbuch geregelt ist (§ 650i Abs. 1). Privatpersonen, die ein Unternehmen mit umfangreichen Umbauten, größeren Sanierungen oder wesentlichen Instandsetzungen beauftragen, schließen einen solchen Vertrag. Sie sind u. a. durch die Vorgaben für die Baubeschreibung, Abschlagszahlungen, Herausgabe von Unterlagen und Widerrufsrecht besonders geschützt.

Volleinspeisung Seit Anfang 2023 im ➔ Erneuerbare-Energien-Gesetz geregeltes Betriebsmodell von PV-Anlagen. Der gesamte Strom wird ins öffentliche Netz geliefert. Die ➔ Einspeisevergütung ist bei Volleinspeisung höher als bei der ➔ Teileinspeisung.

Vorfälligkeitsentschädigung Entgelt für die außerplanmäßige Rückzahlung eines Kredits während der Zinsbindungsfrist.

Vorhangfassade auch: vorgehängte, hinterlüftete Fassade. Leichte, selbsttragende Schale, die die Gebäudehülle vor Witterungseinflüssen schützt.

Vorlauftemperatur Temperatur, mit der der Wärmeerzeuger das Heizwasser an den Heizkreislauf abgibt. Je niedriger die notwendige Vorlauftemperatur ist, umso geringer fällt der Temperaturhub aus, den eine Wärmepumpe leisten muss. Das erhöht die Effizienz der Anlage.

Volltilgerdarlehen Kredit, bei dem die komplette Schuld innerhalb der Zinsbindung zurückgezahlt wird.

Wärmebrücke Bereich eines Bauteils, der die Wärme besser leitet als die angrenzenden Bereiche.

Wärmedämmverbundsystem (WDVS) Verfahren zur Fassadendämmung, bei dem Dämmstoffplatten von außen auf den bestehenden Untergrund geklebt und gedübelt werden.

Wärmeleitfähigkeit, auch Wärmeleitzahl, Wärmeleitkoeffizient, Lambda-Wert, Kennzahl für die Wärmeenergie, die pro Sekunde durch einen bestimmten Baustoff von einem Meter Stärke bei einem festgelegten Temperaturunterschied (1 Kelvin) hindurchgeht. Die Maßeinheit ist W/(mK).

Wärmepumpe Heizung, die der Umgebung (Luft, Erdreich, Grundwasser/Abwasser) Wärme entzieht, die Temperatur mithilfe von Strom erhöht und als Raumwärme nutzbar macht.

Wärmespeicher System zum Speichern von thermischer Energie, sodass diese mit zeitlichem Abstand zu ihrer Entstehung genutzt werden kann.

Wärmerückgewinnung Sammelbegriff für Verfahren zur Nutzbarmachung von Wärme, die sonst als Abwärme verloren ginge. Sie kommen in Lüftungsanlagen zum Einsatz.

Wechselrichter Elektrisches Gerät, das beispielsweise in einer Photovoltaik-Anlage Gleichstrom in Wechselstrom umwandelt.

Werkvertrag Privatrechtlicher Vertrag, in dem sich ein Auftragnehmer dazu verpflichtet, ein bestimmtes Werk gegen Zahlung einer Vergütung vom Auftraggeber herzustellen. Entscheidend ist der geschuldete Erfolg. Wenn es um eine einzelne Maßnahme – etwa die Heizungserneuerung – geht, wird ein Werkvertrag nach § 631 BGB geschlossen.

Register

Eva Kafke schreibt als Fachjournalistin für Immobilienthemen für die Stiftung Warentest und diverse Fachzeitschriften. Sie war Chefredakteurin und Pressesprecherin bei drei großen immobilienwirtschaftlichen Verbänden. In ihrer Arbeit begleitete sie auch intensiv die Entstehung und Novelle des Gebäudeenergiegesetzes sowie des Wohnungseigentumsgesetzes.

Die Stiftung Warentest wurde 1964 auf Beschluss des Deutschen Bundestages gegründet, um dem Verbraucher durch vergleichende Tests von Waren und Dienstleistungen eine unabhängige und objektive Unterstützung zu bieten. Mehr zu unserem Qualitätsanspruch und viele weitere Bücher finden Sie unter www.test.de.

Programmleitung: Niclas Dewitz
Autorin: Eva Kafke
Projektleitung und Lektorat: Alexandra Germann
Korrektorat: Jonas-Philipp Dallmann
Fachliche Unterstützung: Jörg Sahr
Titelentwurf: Daniela Greven
Layout: Martina Römer, Daniela Greven, Christian Königsmann
Grafik, Satz: Anne-Katrin Körbi
Bildnachweis: gettyimages, grapix (Titel)
Produktion: Anne-Katrin Körbi
Verlagsherstellung: Rita Brosius (Ltg.), Romy Alig, Susanne Beeh
Litho: tiff.any, Berlin
Druck: Fromm + Rasch GmbH & Co. KG., Osnabrück

ISBN: 978–3–7471–0894–9

Bei Fragen zur Sicherheit dieses Produkts wenden Sie sich bitte an:gpsr@stiftung-warentest.de

100% Recyclingpapier · Produziert in Deutschland

Unser Umweltversprechen

Wir haben für den Innenteil dieses Buchs 100% Recyclingpapier verwendet.

Stiftung Warentest druckt ausschließlich in Deutschland, weil hier hohe Umweltstandards gelten und kurze Transportwege für geringe CO_2-Emissionen sorgen.

Auch die Weiterverarbeitung erfolgt ausschließlich in Deutschland.

Stiftung Warentest

Stiftung Warentest
Lützowplatz 11–13
10785 Berlin
www.test.de
email@stiftung-warentest.de

USt-IdNr.: DE136725570

Vorständin: Julia Bönisch

Formulare
zum Heraustrennen

Service
Alle Formulare können Sie auch kostenlos online ausfüllen. Sie finden sie unter **test.de/formulare-sanierungs-set**

Seitenzahlen auf Formularen, die mit Energieberatern oder anderen Ansprechpartnern geteilt werden, sind irritierend. Deshalb haben wir im Formularteil auf Seitenzahlen verzichtet. Damit Sie das gesuchte Formular trotzdem schnell finden können, haben wir die Reihenfolge alphabetisch gekennzeichnet.

Unterlagen zur Vorbereitung

Diese Unterlagen und Daten werden Sie im Laufe der Sanierung an unterschiedlichen Stellen benötigen.

Die Eigentümer

- [ ] Name ______
- [ ] Anschrift ______
- [ ] Kontaktdaten (Mail und/oder mobil) ______
- [ ] Anzahl der Bewohner ______
- [ ] tägliche Anwesenheit (Uhrzeit von - bis) ______

Das Gebäude v. a. aus den Bau- oder Kaufunterlagen

- [ ] Baujahr ______
- [ ] Wohnfläche / beheizte Nutzfläche ______ m^2
- [ ] umbauter Raum ______ m^3
- [ ] Gesamtfläche der Fassade ______ m^2
- [ ] Summe aller Fenster- und Außentürenflächen ______ m^2
- [ ] Gesamtfläche des Daches ______ m^2
- [ ] Summe der Flächen aller Dachfenster und sonstiger Öffnungen ______ m^2

Durchgeführte Sanierungsmaßnahmen v. a. aus Rechnungen

Bauteil	Jahr	Art der Maßnahme
☐ Dach / oberste Geschossdecke		
☐ Fassade		
☐ Fenster / Rolladenkästen / Außentüren		
☐ Kellerdecke		
☐ Kellerboden / Bodenplatte		
☐ Kelleraußenwände		
☐ Wärmeerzeuger		

Bauteil	Jahr	Art der Maßnahme
☐ Lüftungsanlage		
☐ PV-Anlage		
☐ Um- und Anbauten		
☐ Sonstiges		

Bau- und Planungsunterlagen – falls vorhanden

- ☐ Baubeschreibung
- ☐ Wohnflächenermittlung
- ☐ Grundrisse von allen Geschossen
- ☐ Schnitte
- ☐ Ansichten von allen Seiten
- ☐ Konstruktionszeichnungen zu Aufbauten von Wänden, Geschossdecken
- ☐ Konstruktionszeichnung Einbausituation der Fenster
- ☐ Lageplan
- ☐ Gutachten für ____________________

Weitere Dokumente – falls vorhanden

- ☐ Verbrauchsabrechnungen Heizung der vergangenen drei Jahre
- ☐ Verbrauchsabrechnungen Strom der vergangenen drei Jahre
- ☐ Informationen zur derzeitigen Warmwasserbereitung und zum Verbrauch
- ☐ Energieausweis
- ☐ Wärmebedarfsrechnung / Heizlastberechnung
- ☐ aktuelles Schornsteinfegerprotokoll
- ☐ Produktdatenblätter, Energielabel etc. zu Anlagenkomponenten
- ☐ eventuell bereits vorliegende Angebote von Handwerkern
- ☐ Auflistung von bereits bekannten Mängeln (z. B. Schimmelbildung oder Feuchte)

Schwachstellen am Gebäude – Überblick

Mit dieser Checkliste verschaffen Sie sich einen strukturierten Überblick. Die Ergebnisse können Sie umseitig festhalten.

Raum	Bauteile	Prüfpunkte
Keller	Boden, Wände, Decke	Feuchtigkeit, Risse, Dämmung, Putz
	Lichtschächte	Anschluss an das Gebäude, Wasserablauf
	Fenster, Eingangstüren	Verglasung, Dämmung, Dichtigkeit
	Elektrik	Funktion, Dimensionierung
	Elektroschaltschrank	Sicherungen, FI-Schutzschalter, Art der Zähler
	Heizung	Dimensionierung, Speicher, Lagerraum/Öltank
	Rohrleitungen	Dämmung, Dichtigkeit
	Schornstein/ Schacht	Auskleidung, Weite
	Warmwasserbereitung	elektrischer Boiler?
	Hausanschlüsse	Gas, Elektro, Frischwasser, Schmutzwasser
	Badezimmer/ Toilette	Funktion
	Waschraum	bei Boden mit Entwässerung: Überlaufventil
Wohnräume (Flur, Treppenhaus, Küche, Wohnzimmer, sonstige Räume, Badezimmer, Toilette)	Boden, Wände, Decke	Feuchtigkeit, Risse, Dämmung, Putz
	Fenster, Eingangstüren	Verglasung, Dämmung, Dichtigkeit
	Elektrik	Funktion, Dimensionierung
	Heizung	Funktion, Heizkörper, Ventil
	Warmwasser	Funktion, elektr. Kleinspeicher, Durchlauferhitzer
Dach	Dachluke mit Leiter	Dämmung
	Treppe	Türdämmung, Dichtungen
	Dachdeckung	Material, Zustand
	Dachfenster	Dichtigkeit, Bauart, Dämmung (Einfachverglasung, Thermoverglasung, Rahmen einfach oder gedämmt …)
	Dachstuhl	Nässespuren, Dachverband (Sparren, Stiele), Dampfsperre (Folienbahn) vorhanden? Dämmung vorhanden? (Dicke, Material)
	Boden	Dämmung
	Durchstoßungspunkte im Boden und den Dachflächen (Kamin, Leitungen etc.)	Nässe, Zugluft
	Abdeckung Flachdach	Nässespuren, Wärmedämmung

Schwachstellen am Gebäude – Notizen

Mithilfe des Überblicks auf der vorhergehenden Seite können Sie hier Ihren festgestellten Sanierungsbedarf notieren.

Raum	Bauteil	Befund und Fragen an Experten

Übersicht Dämmmaterialien

Anhand dieser Übersicht können Sie sich orientieren, welche Materialien für Ihr Vorhaben in Frage kommen.

Kategorie	Material	Lieferform	Anwendungen	Wärmeleitfähigkeit λ in W/(m*K)	Materialpreis Kategorie[1]
Mineralische Dämmstoffe	Kalziumsilikat	Platten	Innendämmung	0,060 – 0,100	3
	Schaumglas	Platten	Flachdach, oberste Geschossdecke, WDVS, Perimeterdämmung, Innendämmung, Kellerdecke	0,036 – 0,060	2 – 3
	Mineralschaum	Platten	oberste Geschossdecke, WDVS, Innendämmung, Kellerdecke	0,042 – 0,045	2
	Perlite	Schüttung	oberste Geschossdecke, Kerndämmung Fassade, Kellerdecke	0,040 – 0,070	2
Künstliche Mineralfasern	Glaswolle / Steinwolle	Matten / Filz	Untersparren, Zwischensparren, oberste Geschossdecke, vorgehängte Fassade	Glaswolle: 0,032 – 0,040; Steinwolle: 0,035 – 0,048	1 – 2
	Steinwolle	Platten	Aufsparren, Flachdach, WDVS		
	Glaswolle	Einblasdämmung	Zwischensparren, Flachdach, oberste Geschossdecke, Kerndämmung, vorgehängte Fassade, Kellerdecke		
Vollsynthetische Dämmstoffe auf Erdölbasis	Expandiertes Polystyrol (EPS)	Platten	Flachdach, oberste Geschossdecke, WDVS, Kellerdecke	0,032 – 0,045	1
	Expandiertes Polystyrol (EPS)	Granulat	oberste Geschossdecke, Kerndämmung, Kellerdecke		
	Extrudiertes Polystyrol (XPS)	Platten	Untersparren, Flachdach, oberste Geschossdecke, Perimeterdämmung, Kellerdecke	0,023 – 0,042	1 – 2

Kategorie	Material	Lieferform	Anwendungen	Wärmeleitfähigkeit λ in W/(m*K)	Materialpreis Kategorie[1)]
	Phenylharzschaum	Platten	Untersparren, Aufsparren, Flachdach, oberste Geschossdecke, WDVS, Kellerdecke	0,021– 0,025	2
	PUR/PIR	Platten	Untersparren, Aufsparren, Flachdach, oberste Geschossdecke, WDVS, Kellerdecke	0,023 – 0,030	1 – 2
Dämmstoffe aus nachwachsenden Rohstoffen	Hanffaser	Matten / Platten	Zwischensparren, oberste Geschossdecke, vorgehängte Fassade, Innendämmung, Kellerdecke	0,039 – 0,047	1 – 2
	Holzweichfaser	Platten	Untersparren, Aufsparren, oberste Geschossdecke, WDVS, Innendämmung, Kellerdecke	0,040 – 0,090	2
	Stroh	Einblasdämmung	Zwischensparren, oberste Geschossdecke, vorgehängte Fassade, Innendämmung, Kellerdecke	0,043 – 0,099	1 – 2
	Zellulose	Einblasdämmung	Zwischensparren, oberste Geschossdecke, vorgehängte Fassade, Innendämmung, Kellerdecke	0,038 – 0,045	1

1) Da die Materialpreise erheblich schwanken und die Gesamtkosten zudem von der Konstruktionsform, dem Arbeitsaufwand und der Fertigkeit des Unternehmens abhängen, dient die Einstufung in Kategorien der groben Orientierung.

1 = niedrig
2 = mittel
3 = hoch

Heizungstechnologien im Überblick

Hier verschaffen Sie sich einen Überblick über Vor- und Nachteile der künftig gesetzlich zulässigen Wärmeerzeuger. Außerdem erhalten Sie Hinweise zu notwendigen Voraussetzungen im Gebäude und eine grobe Kostenorientierung.

Fernwärme

Vorteile	einfache Lösung für Eigentümer • Partizipation an der Energiewende auf der Versorgerseite • eher geringer Planungsaufwand
	geringer Installationsaufwand • Einbau einer vergleichsweise kleinen Übergabestation für die Fernwärme samt Wärmetauscher und Zählwerk • Bohrung von zwei Leitungsöffnungen durch die Hauswand • Rohre und Heizkörper im Gebäude können erhalten bleiben
	keine Abgasanlage erforderlich • Schornstein kann stillgelegt oder andererweitig genutzt werden, etwa zur Leitungsführung durchs Gebäude • Aufwand und Kosten für Wartung und Messung durch Schornsteinfeger entfallen
	minimaler Platzbedarf im Gebäude • freiwerdender Platz am bisherigen Standort der Heizungsanlage • kein Pufferspeicher für die Heizung erforderlich
Nachteile	hohe Abhängigkeit vom Netzbetreiber vor Ort • keine Anbieterauswahl (Monopolstruktur) • keine Wechselmöglichkeit, wenn sich Preise, Vertragsbedingungen oder Zusammensetzungen des Brennstoffs ändern • lange Vertragslaufzeiten • oft Anschluss- und Benutzungszwang • Dekarbonisierungstermin unklar
Voraussetzungen	Verfügbarkeit von Fernwärme
Kosten Anschluss	17 000 Euro Förderung: 30 bis 70 Prozent
Tipp zur Verfügbarkeit von Fernwärme	Alle Kommunen müssen in den kommenden Jahren Wärmepläne erarbeiten, in denen auch dargestellt ist, ob und wann an einem Standort Fernwärme geplant ist. Erkundigen Sie sich im Bauamt, wie konkret die Planungen sind und ob möglicherweise bereits Ausschlussgebiete definiert wurden.

Wärmepumpe

Vorteile	geringe Umweltbelastung • regenerative Energiequelle • CO_2-Emissionen nur durch Antriebsstrom
	langfristige Amortisation durch niedrige Betriebskosten
	wachsende Unabhängigkeit von fossilen Brennstoffen

	• keine Abgasanlage erforderlich • Schornstein kann stillgelegt oder andererweitig genutzt werden, etwa zur Leitungsführung durchs Gebäude
	oft geringer Platzbedarf im Gebäude
	Hybridfähigkeit
bei Luft-Wasser-WP	geringe / keine Grundstücksfläche belegt
	geringer Installationsaufwand
	große Produktauswahl
	Außen- und Innenaufstellung möglich
	keine Genehmigung notwendig
bei Erdwärmepumpe	ganzjährig hohe Effizienz durch konstante Temperatur der Wärmequelle
	keine sichtbaren Gerätschaften auf dem Grundstück
bei Grundwasser-WP	ganzjährig höchste Effizienz durch konstante Temperatur der Wärmequelle
	keine sichtbaren Gerätschaften auf dem Grundstück
Nachteile	Planung und Auslegung entscheiden über Effizienz und Lebensdauer
	geringere Effizienz bei energetisch schlechten Gebäuden lässt sich durch Verbesserungen der Gebäudehülle oder Vergrößerung der Heizflächen ausgleichen – mit Mehraufwand und -kosten
bei Luft-Wasser-WP	Geräuschentwicklung von Ventilatoren
	an sehr kalten Tagen kann in energetisch schlechten Häusern eine weitere Wärmequelle notwendig sein
bei Erdwärmepumpe	hoher Installationsaufwand
	Beanspruchung der Außenanlagen bei Sondenbohrung / Kollektorverlegung
bei Grundwasser-WP	hoher Installationsaufwand
	Beanspruchung der Außenanlagen bei Brunnenbohrung
Voraussetzungen	
für Luft-Wasser-WP	baurechtliche Abstände und Lärmschutz
für Erdwärmepumpe	u. U. Genehmigungen erforderlich • Untere Wasserschutzbehörde • Bergbehörde
mit Sondenbohrung	Mindestabstände zu Gebäuden, zwischen Bohrungen und zu Leitungen
	Erreichbarkeit der Bohrstelle mit schwerem Gerät
	ausreichend große Fläche zur Zwischenlagerung von Material etc.
mit Kollektoren	ausreichend große Kollektorfläche, die später nicht bebaut, verdichtet, versiegelt oder mit Tiefwurzlern bepflanzt werden darf
	ausreichend große Fläche zur Zwischenlagerung von Material etc.
für Grundwasser-WP	ausreichendes und geeignetes Grundwasser-Vorkommen
	kein Wasserschutzgebiet
	Genehmigungen erforderlich • Untere Wasserschutzbehörde • Bergbehörde
	ausreichend Platz für Brunnenbohrung

	Erreichbarkeit der Bohrstelle mit schwerem Gerät
	ausreichend große Fläche zur Zwischenlagerung von Material etc.
	Wartungsaufwand
Kosten Anschaffung und Installation	34 000 bzw. 53 000 Euro (Luft-Wasser bzw. Erdwärme) Förderung: 30 bis 70 Prozent
Tipp zur Qualitätskennzeichnung	Das Gütesiegel der EHPA (Europäischen Wärmepumpenvereinigung) verlangt vom Hersteller eine zweijährige Vollgarantie, einen 24-Stunden-Service und die Garantie, dass zehn Jahre lang Ersatzteile verfügbar sind.

Biomasseheizung

Vorteile	als alleiniger Wärmeerzeuger auch in Gebäuden mit schlechtem energetischem Standard geeignet
	nachwachsender Rohstoff
	Nutzung von unveränderten Rohren und Heizkörpern im Gebäude möglich
Nachteile	Biomasse ist nicht endlos verfügbar
	Feinstaubentwicklung
	Abhängigkeit von Brennstofflieferanten und -preisentwicklungen
	kann bauliche Anpassungen erfordern (Belüftung Heizungsraum, Abdichtung gegenüber Wohnbereich)
Voraussetzungen	ausreichend dimensioniertes und garantiert trockenes Lager
Kosten Anschaffung und Installation	40 000 Euro Förderung: 30 bis 70 Prozent, Emissionsminderungsbonus
Tipp zur Abschätzung des Lagervolumens	Um einen Wärmebedarf von 15 000 kWh im Jahr zu decken, werden 3 750 kg Pellets verbrannt. Dafür wird ein Lagervolumen von 13,5 m^3 benötigt. (Quelle: Deutsches Pelletinstitut)

Solarthermie

Vorteile	geringe Umweltbelastung • Nutzung regenerativer Energie • sehr geringe CO_2-Emissionen
	niedrige Betriebskosten
	zur Warmwasserbereitung und Heizungsergänzung gut geeignet
Nachteile	als alleiniger Wärmeerzeuger nicht geeignet
	hoher Installationsaufwand
	hoher Planungsaufwand bei Neu-Installation von zwei Hybridkomponenten

Voraussetzungen	ausreichend große geeignete Fläche am Gebäude oder auf dem Grundstück Tragfähigkeit des Daches bzw. der Fassade vorgegebene Abstände zum Nachbarn
Kosten	siehe unten – Hybrid-Varianten Förderung: 30 bis 70 Prozent
Tipp zur Qualitätssicherung	Achten Sie bei der Produktauswahl auf das Label „Solar Keymark".

Hybrid-Heizung mit Wärmepumpe oder Solarthermie

Vorteile	geringere Umweltbelastung als bei fossiler Heizung sichere Beheizung von Gebäuden mit schlechtem energetischem Standard Reduzierung der Heizkosten
Nachteile	hohe Anschaffungs- und Installationskosten erhöhte Fehleranfälligkeit hoher Planungsaufwand in der Summe großer Platzbedarf Abhängigkeit von fossilem Energieträger (bei Kombination mit Gas oder Öl)
Voraussetzungen	entsprechend denen an die einzelnen Komponenten
Kosten Anschaffung und Installation	24 000 bis 56 000 Euro Förderung 30 bis 70 Prozent der Mehrkosten des Wärmepumpen- bzw. Solarthermieanteils
Tipp zu Hybrid-Heizung als Übergangslösung	Ihre Gebäudehülle ist noch nicht energetisch saniert, aber Sie wollen in Sachen Heizung schon tätig werden? Dann kann eine Lösung sein, die vorhandene Gasheizung mit einer Wärmepumpe zu ergänzen. Sobald die Hülle saniert ist, können Sie auf die Gasheizung verzichten.

Erdgas-Brennwert-Kessel (umrüstbar)

Vorteile	geringer Installationsaufwand geringe Anschaffungs- und Installationskosten
Nachteile	hohe Umweltbelastung auf den Betrieb mit 100%-Wasserstoff umstellbare Geräte sind noch nicht verfügbar (zunächst) Abhängigkeit von Erdgaslieferanten und -preisen (später) Abhängigkeit von Wasserstofflieferanten mit heute noch völlig unkalkulierbaren Preisen Knappheit von Biogas / Wasserstoff, Versorgung mit (grünem) H2 ist völlig ungewiss und wird von den meisten Experten für eine Ausnahme gehalten steigende CO_2-Preise gesetzlich vorgegebene Quoten für Biogas / Wasserstoff

Voraussetzungen	Gasanschluss Verfügbarkeit von erneuerbarem Gas / Wasserstoff Pflicht-Energieberatung
Kosten Anschaffung und Installation	16000 Euro (für noch nicht zu 100 % umrüstbare Geräte) Förderung: 30 bis 70 Prozent der Investitionsmehrkosten für die 100-%-Umrüstung auf Wasserstoff

Stromdirektheizung

Vorteile	als Zusatzheizung oder in selten genutzten Räumen geeignet einfache Installation schnelle Regelbarkeit eher geringe Anschaffungskosten keine Speicher- und Verteilverluste keine Abgasanlage erforderlich • Schornstein kann stillgelegt oder andererweitig genutzt werden, etwa zur Leitungsführung durchs Gebäude • Aufwand und Kosten für Wartung und Messung durch Schornsteinfeger entfallen
Nachteile	sehr hohe Betriebskosten geringe Energieausbeute je nach Ursprung des Stroms hohe CO_2-Emissionen für ganze Gebäude kaum geeignet für Gebäude mit schlechtem energetischem Standard ungeeignet
Voraussetzungen	Steckdose oder Zuleitung Prüfung und evtl. Erweiterung der Elektroinstallation gesetzliche Anforderungen an den baulichen Wärmeschutz Anmeldung / Genehmigung Netzbetreiber
Kosten	14000 Euro keine Förderung
Tipp zur Einschätzung der Betriebskosten	Das Bundesministerium für Wirtschaft und Klimaschutz beziffert die Betriebskosten in einem Gebäude mit einem Energieverbrauch von 13000 kWh/a mit 4700 Euro/a.

Quellen der Kostenangaben: Durchschnittswerte von vzbv, VZ RPL, BMWK

Schritt für Schritt zur eigenen Photovoltaik-Anlage

Hier finden Sie alle Aspekte, die Sie bei der Planung und Realisierung einer Photovoltaik-Anlage bedenken sollten.

Vorplanung

Verschaffen Sie sich einen gründlichen Überblick über Ihr Gebäude und Grundstück:

- [ ] Vermessen Sie die belegbare Dachfläche.
- [ ] Erstellen Sie eine Skizze des Daches und markieren Sie die in Frage kommende Fläche.
- [ ] Hilfreich sind Fotos der Dachfläche bei unterschiedlich hohem Sonnenstand
- [ ] Suchen Sie eine Wandfläche für den Wechselrichter und ggfs. einen geeigneten Aufstellplatz für den Batteriespeicher. Bedenken Sie dabei, dass Kabelführungen von den Modulen zu diesen Komponenten und weiter zum Zählerschrank im Gebäude mit möglichst wenig Aufwand verbunden sein sollten.

Unterlagen und Daten für den Solarteur

Viele Fachfirmen wünschen sich schon vor einem Vor-Ort-Termin die wichtigsten Informationen zum Bauvorhaben.

Folgende Angaben sind hilfreich:

- [ ] belegbare Dachfläche ________ m^2
- [ ] Dachneigung ________ Grad
- [ ] Ausrichtung des Daches (Himmelsrichtung) ________
- [ ] Stromverbrauch / Jahr ________ kWh
- [ ] Benzinverbrauch / Jahr (falls E-Mobilität ein Thema ist) ________ l
- [ ] Fahrleistung Auto / Jahr (falls E-Mobilität ein Thema ist) ________ km

Beratungstermin mit dem Fachunternehmen

Diese folgenden Unterlagen sollten Sie zur Hand haben. Falls der Solarteur sie für seine Planungen braucht, können Sie die Dokumente als Kopien oder in digitaler Form nachreichen.

- [ ] Pläne des Hauses
- [ ] Statikunterlagen

Im Gespräch sollten die folgenden Punkte besprochen werden:

- ☐ geeignete Größe
- ☐ Vorschläge zu Modulen
- ☐ Vorschläge zur Anordnung auf der verfügbaren Fläche
- ☐ Batteriespeicher ja oder nein?
- ☐ Platzierung von Wechselrichter und ggfs. Batteriespeicher
- ☐ Bewertung der erforderlichen Absturzsicherung
- ☐ Referenzen des Solateurs
- ☐ Kostenrahmen
- ☐ mögliche Förderung

Kriterien für die Auswahl eines Stromspeichers

- ☐ möglichst niedriger Eigenverbrauch
- ☐ Speicherkapazität (abhängig von Leitung der PV-Anlage, Nutzungsverhalten, gewünschtem Autarkiegrad und Eigenverbrauchsanteil)
- ☐ Ausführungsform (Lithium-Ionen etc.)
- ☐ AC- oder DC-seitige Einbindung
- ☐ Wirkungsgrad
- ☐ Entladetiefe
- ☐ Anzahl der Voll-Ladezyklen
- ☐ Wechselrichter mit Notstrom- / Ersatzstromfunktion
- ☐ intelligente Ladesteuerung
- ☐ Situation im Gebäude
- ☐ Bauweise (komplett oder Einzelkomponenten, modular mit Erweiterungsoption)
- ☐ Garantieleistungen
- ☐ Ruf des Herstellers
- ☐ Investitionskosten
- ☐ mögliche Förderung

Marktübersichten für Batteriespeicher finden Sie hier:

- carmen-ev.de/service/marktueberblick/marktuebersicht-batteriespeicher/
- solar.htw-berlin.de/themen/stromspeicher-inspektion/
- pv-magazine.de/marktuebersichten/batteriespeicher/

Vergleich von Angeboten

Die Preise in Angeboten von Fachfirmen sind nur vergleichbar, wenn sie jeweils alle erforderlichen Posten enthalten. Vergleichen Sie:

- ☐ Spitzenleistung der Module unter Testbedingungen in Watt Peak (Im Privatgebrauch sind 350 bis 450 Wp je Modul üblich.)
- ☐ Preis pro Wp Anlagenleistung
- ☐ Preis pro kWh Speicherkapazität
- ☐ verwendete Komponenten (mit Hersteller- und Typenangaben)
- ☐ Querschnitte und Längen von Kabeln
- ☐ Montagesystem
- ☐ Baunebenkosten (Absturzsicherung etc.)

Die Konditionen lassen sich zwar nicht in Euro bemessen, können aber den Ausschlag geben. Prüfen Sie:

- ☐ Berechnung des Lohnanteils pauschal oder nach Stunden?
- ☐ Gewährleistung und Garantien
- ☐ Teilzahlungen
- ☐ Skonto

Manch eine Fachfirma legt Simulationsrechnungen und / oder eine Wirtschaftlichkeitsbetrachtung vor. Stimmen die Annahmen überein? Falls nicht, sollten Sie dies hinterfragen.

Der solare Ertrag

Durch geschickte Platzierung der Anlage und die Auswahl hochwertiger Module erzielen Sie den höchsten Ertrag. Achten Sie auf folgende Aspekte:

- ☐ Ausrichtung des Daches oder der Fassade nach Süden, Westen oder Osten
- ☐ Neigungswinkel des Daches / Aufstellwinkel der Module zwischen 30 und 35 Grad
- ☐ keine Verschattung durch Schornsteine, Bäume oder Nachbargebäude
- ☐ hoher Wirkungsgrad der Solarzellen: Er beschreibt, welcher Anteil der auftreffenden Sonnenstrahlung in Strom umgewandelt werden kann. Sehr gute Wirkungsgrade liegen momentan bei 15 bis 20 Prozent (polykristalline Zellen) bzw. 18 bis 24 Prozent (monokristalline Zellen).
- ☐ hoher Systemwirkungsgrad: Er berücksichtigt neben den Solarzellen auch den Wechselrichter, die Verkabelung und den Stromspeicher.
- ☐ minimale Degradation: Sie kennzeichnet den jährlichen Leistungsverlust der Module durch die Alterung der Werkstoffe. Üblicherweise wird eine Minderung von 0,5 Prozent pro Jahr angenommen.

- ☐ umfangreiche Leistungsgarantie – Die meisten Hersteller geben heute eine gestaffelte Leistungsgarantie für mindestens 20 Jahre. In der Regel werden für die ersten 10 Jahre 90 Prozent des Wirkungsgrades garantiert, darüber hinaus noch 80 Prozent.

Mit Hilfe von diesen Online-Tools können Sie eine Einschätzung vornehmen, wie der solare Ertrag der geplanten Anlage ausfallen wird:

- ☐ www.solarserver.de/pv-anlage-online-berechnen/

  Nach Eingabe von PV-Leistung, Ausrichtung, Dachneigung und Standortkoordinaten erhalten Sie den voraussichtlichen Jahresertrag in MWh.

- ☐ https://solar.htw-berlin.de/rechner/solarisator/

  Gefragt sind der Haushaltsstromverbrauch, die Photovoltaikleistung, der aktuelle Strompreis und die Einspeisevergütung. Das Ergebnis zeigt die mögliche jährliche Ersparnis und ihren Anteil an den gesamten Stromkosten.

- ☐ https://re.jrc.ec.europa.eu/pvg_tools/de/#PVP

  Hier werden neben den üblichen Angaben auch technische Details verlangt. Dieses Tool ist daher am ehesten auf Grundlage von konkreten Handwerkerangeboten nutzbar.

A	Unser voraussichtlicher jährlicher Stromertrag beträgt	_______ kWh

Die Kosten

Nun können Sie die voraussichtliche Kostenersparnis überschlagen. Dazu benötigen Sie folgende weiteren Angaben (beachten Sie an einigen Stellen die notwendige Umrechnung von Tarifen in ct/kWh auf Kosten in EUR):

B	mittlerer Stromverbrauch der letzten drei Jahre	_______ kWh
C	aktueller Stromtarif	_______ ct/kWh
D	mittlere Stromkosten der letzten drei Jahre (= B x C)	_______ EUR
E	Eigenverbrauchsanteil Dieser liegt nach Angaben der Verbraucherzentralen zwischen 25 und 30 %. Belastbarer ist eine individuelle Abschätzung mit dem Unabhängigkeitsrechner der Hochschule für Technik und Wirtschaft Berlin unter solar.htw-berlin.de/rechner/unabhaengigkeitsrechner	_______ %
F	eigenverbrauchte Strommenge aus der PV-Anlage (= A x E)	_______ kWh
G	eingespeiste Strommenge aus der PV-Anlage (= A - F)	_______ kWh
H	aktuell gültige gesetzliche Einspeisevergütung, zu finden unter bundesnetzagentur.de/DE/Fachthemen/ElektrizitaetundGas/ErneuerbareEnergien/EEG_Foerderung/start	_______ ct/kWh
I	künftiger Strombezug aus dem Netz (= B - F)	_______ kWh

Jetzt ermitteln Sie Ihre künftigen Ausgaben und Einnahmen:

J	Kosten für Strombezug aus dem Netz (= I x C)	EUR
K	Ertrag aus Einspeisung (= G x H)	EUR

Daraus ergibt sich folgende Kostenersparnis:

	mittlere Stromkosten der letzten drei Jahre (D)	EUR
-	Kosten für Strombezug aus dem Netz (J)	EUR
+	Ertrag aus Einspeisung (K)	EUR
=	**Kostenersparnis**	**EUR**

Die Wirtschaftlichkeit

Im Sinne des Umweltschutzes lohnt sich eine Photovoltaikanlage immer. Doch viele Bauherren wollen wissen, ob und wann sich die Investition rechnet. Dazu brauchen Sie nicht nur alle Angaben zum Objekt und der geplanten Anlage, Sie müssen auch Annahmen zu Preisentwicklungen etc. treffen.

- ☐ Nutzen Sie den Rendite-Rechner von Stiftung Warentest: test.de/solarrechner

Die weiteren Schritte

Sie sind von Ihrem Projekt überzeugt und haben einen tragfähigen Kostenvoranschlag? Dann haben Sie noch folgende Schritte vor sich:

- ☐ Bauherr: Auftrag an den Fachbetrieb
- ☐ Fachbetrieb: Anmeldung der PV-Anlage beim Netzbetreiber, Antrag auf Netzanschluss
- ☐ Bauherr: Prüfung, ob die vorhandene Wohngebäudeversicherung eine PV-Anlage einschließt, ggfs. Erweiterung oder Abschluss einer eigenständigen Versicherung
- ☐ Fachbetrieb: Montage, Verbindung der Anlage mit der Elektroinstallation des Gebäudes, Umbau des Zählerplatzes, Netzanschluss, Inbetriebnahme
- ☐ Bauherr: spätestens am Tag der Inbetriebnahme Anmeldung der Anlage bei der Bundesnetzagentur (markstammdatenregister.de)
- X Eine behördliche Genehmigung ist bei privaten Aufdachanlagen nicht erforderlich, wenn das Gebäude nicht unter Denkmalschutz steht.
- X Eine Gewerbeanmeldung beim Ordnungsamt ist nicht notwendig.
- X Sie müssen keine Steuererklärung abgeben.

Feuchteprobleme im Haus

Verschaffen Sie sich einen Überblick über mögliche Feuchteschäden, Ursachen und Sanierungsoptionen.

Feuchteschaden	betroffene Bereiche	typische Symptome	mögliche Ursachen	Sanierungsoptionen
Aufsteigende Feuchte	Bodenplatte, Eckbereiche der Außenwand, Wandfläche, Geschossdecke, Deckenanschlüsse	Feuchteflecken, Schimmel, abplatzender Putz, muffiger Geruch	Eindringen von Grund- und Sickerwasser durch fehlende unterseitige kapillarbrechende Schicht/fehlende Horizontalsperre	nachträgliche Dämmung von oben
				falls die statische Gebäudegründung über Fundamente gesichert ist: Austausch der Bodenplatte
				bei ausreichender Raumhöhe: Aufbau einer neuen Fußbodenkonstruktion mit vollflächiger Horizontalabdichtung
				Injektion von Horizontalsperren z. B. aus Epoxidharz
				Mauersägeverfahren und Einschieben von Edelstahlblechen oder robusten Folien
Von außen eindringende Feuchte	Wandflächen	gleichmäßige Feuchtigkeit	schadhafte oder fehlende Vertikalabdichtung der Außenwände	Erneuerung der vertikalen Abdichtung bis auf die Sohle der Außenmauern
				notfalls: Abdichten von innen
	Bereiche unterhalb von Fensteröffnungen	nach unten verlaufende Feuchtespuren	undichte Fenster, defekte Rahmen oder Öffnungsflügel	Fenster erneuern
			stehendes Wasser im Kellerlichtschacht aufgrund eines verstopften oder fehlenden Abflusses	Abfluss säubern / einbauen
	Dachgeschoss	feuchte Balken	schadhafte Ziegel, defekte Dehnfugen, Schornsteineinfassungen, Dach-Wand-Anschlüsse	Dach abdichten, ggfs. durchfeuchteten Holzbalken ersetzen

Feuchteschaden	betroffene Bereiche	typische Symptome	mögliche Ursachen	Sanierungsoptionen
Kondensation (Innenfeuchte)	Kellerräume	Kondensatwasser an Kaltwasserleitungen und Lüftungsrohren	fehlende Dämmung oder fehlende Dampfsperre auf der Außenseite der Dämmung kalter Leitungen	nachträgliche Rohrdämmung
	Wände im Gebäudesockel oberhalb des Erdreichs, Raumecken, hinter großen Möbeln	Feuchteflecken, Schimmelflecken oder -flächen	Kondensation von Raumfeuchte an kalten Flächen	Fassadendämmung, Möblierung ändern, Heizungs- und Lüftungsverhalten ändern
	Wände rund um Fensteröffnungen (Fensterlaibungen)	Löcher/Risse in der Dampfbremsfolie	Beschädigungen oder unsachgemäße Verarbeitung	Fensterlaibung dämmen
	Dachgeschoss			durchfeuchtete Dämmung entfernen und erneuern, dichte Folie mit vom Hersteller dafür zugelassenen Klebeband einbringen
	Außenwände: einbindende Innenwände, Betonstützen, fehlende Dämmung im Bereich von massiven Decken und einbindenden Wänden, Beton-Ringanker	Feuchteflecken, Schimmelflecken oder -flächen	Wärmebrücke	Dämmung verbessern

Checkliste Asbest

In diesen Materialien kann man in alten Häusern auf Asbestfasern stoßen:

- ☐ Cushion-Vinyl-Belag / PVC-Bahnen als Boden-, eventuell auch Wandbelag
- ☐ Flexplatten / PVC-Fliesen/Hartfliesen auf Bitumen- oder Asphaltbasis
- ☐ Heizkörperverkleidungen
- ☐ Hitzebeständige Pappen hinter Öfen / Heizungen, in Kochnischen
- ☐ Schweißpappen / Schutzabdeckungen beim Löten und Schweißen in der Werkstatt
- ☐ Leichtbauplatten (z. B. Sokalit, Neptunit, Baufatherm) u. a. als Brandschutz in Wänden oder als Lüftungskanäle
- ☐ Putze, Spachtelmassen, Fliesenkleber
- ☐ Elektro-Speicherheizgeräte
- ☐ Isolationsunterlagen unter Lampen und elektrischen Geräten
- ☐ Abwasserrohre, Fensterbretter, gewellte Dachabdeckungen, Fassadenplatten aus Asbestzement

So finden Sie heraus, ob Asbest vorhanden ist:

Methoden:	Raumlufttest oder Materialtest
akkreditierte Testlabore und Experten:	Gesamtverband Schadstoffsanierung e. V.: gesamtverband-schadstoff.de
	Arbeitsgemeinschaft ökologischer Forschungsinstitute: agoef.de

Anknüpfungspunkte für Barrierefreiheit

So können Sie bei der energetischen Sanierung zugleich Barrieren reduzieren.

Fassadendämmung

betroffenes Bauteil	Hauseingang
mögliche Verbesserungen	• Ergänzung der Treppe durch eine Rampe • Bewegungsfläche und Abstellmöglichkeit direkt vor der Tür • Montage einer Außenhebebühne • ausreichend Haltemöglichkeiten, Geländer • Beleuchtung der Stufen • rutschfester Bodenbelag • Klingel / Schalter in einer auch für Rollstuhlfahrer gut nutzbaren Höhe • Überdachung
betroffenes Bauteil	Terrasse / Balkon
mögliche Verbesserungen	• rutschfester Bodenbelag • ausreichend Bewegungsfläche (für Rollstuhlfahrer: 150 x 150 Zentimeter)

Austausch der Hauseingangs-, Balkon- oder Terrassentür

mögliche Verbesserungen	• geringes Gewicht der Türen • Griffe in einer auch für Rollstuhlfahrer gut nutzbaren Höhe • Breite anpassen (Mindestens 80 Zentimeter, für Rollstuhlfahrer 90 Zentimeter) • bodengleiche Schwellen oder Rampen • Haltegriffe innen und außen

Austausch von Fenstern

mögliche Verbesserungen	• Brüstungshöhe maximal 60 Zentimeter • Fenstergriffe in einer Höhe zwischen 85 und 105 Zentimetern • Griffe bei schwer erreichbaren Positionen – z. B. über der Küchenarbeitsplatte – verlängern • Lüftungsanlage

Sommerlicher Wärmeschutz

betroffenes Bauteil	Rollläden / Markisen
mögliche Verbesserungen	elektrische Steuerung statt mechanischer Bedienung per Gurt oder Kurbel

Heizungserneuerung

betroffene Bauteile	Heizkörper
mögliche Verbesserungen	• Thermostate in bequemer Bedienhöhe 85 bis 105 Zentimeter • Bewegungsfreiheit am Boden (30 bis 40 Zentimeter) • Fußbodenheizung im Bad mit bodengleicher Dusche

Überschlag der voraussichtlichen Kosten

Vorbereitung der Maßnahme(n)	Euro
Baustelleneinrichtung (WC, Baustellenstrom, Absperrung)	
Gerüst	+
Gebühren (Halteverbotszonen, Entsorgung Bauabfälle)	+
Zwischensumme Vorbereitung	=

Honorare Planer etc.	
Energieberater	
Architekt	+
Gutachter (Statik, Schimmel, Bauphysik)	+
Statiker	+
Baubegleiter	+
Zwischensumme Honorare	=

ausführende Unternehmen	
Dachdecker	
Klempner	+
Maurer	+
Maler	+
Fensterbauer	+
Sanitärinstallateur	+
Elektriker	+
Fliesenleger	+
Fachhandwerker 1	+
Fachhandwerker 2	+
Zwischensumme ausführende Unternehmen	=

Voraussichtliche Kosten	
Zwischensumme Vorbereitung	
Zwischensumme Honorare	+
Zwischensumme ausführende Unternehmen	+
voraussichtliche Investitionskosten	=
Puffer 10 % der Investitionskosten	+
voraussichtliche Kosten gesamt	=

Budget und Finanzierungsbedarf

Um zu wissen, wie viel Geld Sie durch Fremdfinanzierung – also etwa durch einen Kredit – aufbringen müssen, brauchen Sie neben den voraussichtlichen Investitionskosten einen fundierten Überblick über die eigenen flüssigen Mittel.

Als Eigenkapital und Eigenkapitalersatz tauglich	Verfügbarkeit (Datum)	Euro
Girokonto (abzüglich Reserve von 2 bis 3 Monatsnettogehältern)		
Sparbücher		+
Festgeldkonten		+
Aktien (zum Kurswert)		+
Anleihen (zum Kurswert)		+
Anteile an Fonds (Renten, Aktien, offene Immobilien zum Rücknahmepreis)		+
Bausparguthaben (sofern zuteilungsreif)		+
Mittel aus Riesterverträgen		+
Geldgeschenke aus der Verwandtschaft		+
Eigenkapitalersatz: Arbeitgeberdarlehen (im Grundbuch nicht oder nachrangig abgesichert)		+
Summe Eigenkapital		=

Als Darlehenssicherheit tauglich	Euro
Festgeld, langfristig fixierte Sparpläne	
Kapitallebensversicherung (zum Rückkaufwert)	+
Rentenversicherungen (zum Rückkaufwert)	+
schuldenfreies Immobilienvermögen (Immobilie, Grundstück, Marktwert minus 20 %)	+
Bausparguthaben aus nicht zugeteilten Verträgen	+
verkaufbare Unternehmensbeteiligungen	+
Summe Darlehenssicherheiten *	=

Finanzierungsbedarf	Euro
Summe zu finanzierende Kosten aus Formular I „Überschlag der voraussichtlichen Kosten“	
Summe Eigenkapital	–
Finanzierungsbedarf	=

* Dieser Betrag ist für die Höhe des erforderlichen Kredites unerheblich. Sie brauchen die Zahlen jedoch für die Kreditbeantragung. Hohe Sicherheiten verbessern meist die Konditionen.

Wegweiser Fördermittel

Hier finden Sie eine Übersicht über Förderprogramme des Bundes. Sie können diese auch nutzen, um in den vorgesehenen Feldern Ihre voraussichtlichen Fördermittel einzutragen. Sicherheitshalber sollten Sie zuvor prüfen, ob die Bedingungen noch gelten. Abgebildet sind die Konditionen im August 2024. Hier finden Sie alle Details: bafa.de und kfw.de/inlandsfoerderung/Privatpersonen. Ergänzend dazu bietet auch unser Förderrechner (test.de/foerderung-haus-heizung) tagesaktuelle Informationen.

Energieberatung – Zuschüsse

Maßnahme	Fördermittelgeber	Fördersatz	Maximal förderfähige Kosten	Unsere voraussichtlichen förderfähigen Kosten [1]	Unser voraussichtlicher Zuschuss	Unser voraussichtlicher Eigenanteil
individueller Sanierungsfahrplan	BAFA	50 %	650 EUR (EFH/ZFH), 850 EUR (je WE im MFH)	EUR	EUR	EUR
Baubegleitung / Energieberatung bei Einzelmaßnahmen*	BAFA	50 %	5 000 EUR (EFH/ZFH), 2 000 EUR (je WE im MFH)	EUR	EUR	EUR

1 aus Formular I „Überschlag der voraussichtlichen Kosten“

* Diese Förderung gibt es nur bei Maßnahmen an der Gebäudehülle, der Technik, der Heizungsoptimierung und der Errichtung eines Wärmenetzes, nicht jedoch bei allen weiteren Formen der Heizungserneuerung.

Energieberatung – Kredit

Maßnahme	Fördermittelgeber	Fördersatz (Tilgungszuschuss in Prozent)	Maximal förderfähige Kosten	Unsere voraussichtlichen förderfähigen Kosten [1]	Unser voraussichtlicher Tilgungszuschuss	Unser voraussichtlicher Eigenanteil
Baubegleitung / Energieberatung bei energetischen Komplettsanierungen	KfW	50 %	10 000 EUR (EFH/ZFH), 2 000 EUR (je WE im MFH)	EUR	EUR	EUR

1 aus Formular I „Überschlag der voraussichtlichen Kosten“

Zuschüsse zu Einzelmaßnahmen – Überblick

Maßnahme	Fördermittelgeber	Basis-Fördersatz	iSFP-Bonus	Effizienzbonus	Klimageschwindigkeitsbonus[1]	Einkommensbonus[2]	Maximal förderfähige Kosten[3]
Gebäudehülle							
Dämmung Außenwände / Dachflächen / Geschossdecken / Boden	BAFA	15 %	5 %	-	-	-	30 000 EUR / 60 000 EUR
Einbau Fenster, Außentüren							
Einbau Sonnenschutz außen							
Einbau Technik							
Einbau Anlagentechnik (z. B. Lüfungsanlage mit Wärmerückgewinnung) / digitale Systeme	BAFA	15 %	5 %	-	-	-	30 000 EUR / 60 000 EUR
Heizungserneuerung durch							
Solarthermie / Brennstoffzellenheizung / Investitionsmehrausgaben für wasserstofffähige Heizung / innovative EE-Heizungstechnik	KfW	30 %	-	-	20 %	30 %	30 000 EUR
Biomasseheizung	KfW			2 500 EUR[4]			
elektrisch angetriebene Wärmepumpe	KfW			5 %			
Errichtung / Umbau / Erweiterung eines Gebäudenetzes	BAFA			-			
Anschluss an ein Gebäudenetz	BAFA/ KfW						
Anschluss an ein Wärmenetz	KfW						
Heizungsoptimierung							
Verbesserung der Anlageneffizienz	BAFA	15 %	5 %	-	-	-	30 000 EUR / 60 000 EUR
Emissionsminderung einer Biomasseheizung	BAFA	50 %	-	-	-	-	30 000 EUR

Unsere Einzelmaßnahmen – voraussichtliche Zuschüsse und Eigenanteile

Mithilfe der Tabelle auf der linken Seite und den Angeboten von Fachfirmen können Sie sich schnell einen Überblick verschaffen, mit welchen Zuschüssen Sie rechnen können und wie hoch Ihr Eigenanteil ausfällt.

Unsere Einzelmaßnahmen	Fördermittelgeber	Fördersatz[5]	Maximal förderfähige Kosten[3]	Voraussichtlich förderfähige Kosten	Voraussichtlicher Zuschuss	Voraussichtlicher Eigenanteil
1.		%	EUR	EUR	EUR	EUR
2.		%	EUR	EUR	EUR	EUR
3.		%	EUR	EUR	EUR	EUR
Summe unserer voraussichtlichen Kosten / Zuschüsse / Eigenanteile				EUR	EUR	EUR

1 nur für Selbstnutzer, Umsetzung der Maßnahme bis 31.12.2028

2 nur für Selbstnutzer mit max. 40 000 EUR Jahreshaushaltseinkommen

3 → 30 000 EUR für Gebäudehülle, Anlagentechnik, Heizungsoptimierung pro Wohneinheit und Jahr auch bei Kombination von mehreren dieser Maßnahmen
- → 30 000 EUR für Heizungserneuerung
- → 60 000 EUR für im iSFP empfohlene Maßnahmen an Gebäudehülle, Anlagentechnik, Heizungsoptimierung pro Wohneinheit und Jahr, auch bei Kombination von mehreren dieser Maßnahmen
- → 60 000 EUR für Heizungstausch plus eine oder mehrere Einzelmaßnahmen
- → 90 000 Euro für Heizungstausch plus in iSFP empfohlene Einzelmaßnahme(n) – dabei muss die Zuordnung der 30 000er-Pakete zu den Maßnahmen eingehalten werden.

4 Verringert die maximal förderfähigen Kosten

5 Summe aus Basis-Fördersatz und möglichen Boni

Förderkredite - Überblick

Ergänzungskredit für Einzelmaßnahmen

Maßnahmen	Fördermittelgeber	Maximal mögliches Kreditvolumen
bezuschusste Einzelmaßnahmen (Gebäudehülle, Anlagentechnik, Heizungserneuerung), die das maximale Fördervolumen der Zuschüsse übersteigen	KfW	120 000 EUR

Förderkredit für Komplettsanierungen zum Effizienzhaus

Effizienzhaus – Stufen und Klassen	Tilgungs-zuschuss	WPB-Bonus	Bonus Serielle Sanierung	Maximaler Tilgungs-zuschuss	Maximales Kreditvolumen je Wohneinheit
EH40	20 %	10 %	15 %	40 %	120 000 EUR
EH40 EE-Klasse oder NH-Klasse	25 %	10 %	15 %	45 %	150 000 EUR
EH55	15 %	10 %	15 %	35 %	120 000 EUR
EH55 EE-Klasse oder NH-Klasse	20 %	10 %	15 %	40 %	150 000 EUR
EH70	10 %			10 %	120 000 EUR
EH70 EE-Klasse oder NH-Klasse	15 %	10 %		25 %	150 000 EUR
EH85	5 %			5 %	120 000 EUR
EH 85 EE-Klasse oder NH-Klasse	10 %			10 %	150 000 EUR
EH Denkmal	5 %			5 %	120 000 EUR
EH Denkmal EE-Klasse oder NH-Klasse	10 %			10 %	150 000 EUR

Unsere Förderkredite

Unser Ergänzungskredit für Einzelmaßnahmen

bezuschusste Einzelmaßnahme(n) (aus Tabelle vorige Seite)	Fördermittelgeber	Voraussichtlich förderfähige Kosten[1]	Voraussichtlicher Zuschuss[1]	Maximaler Ergänzungskredit[2]
	KfW	EUR	EUR	EUR

1 aus Tabelle auf Blatt 3
2 120 000 EUR minus voraussichtlicher Zuschuss

Unser Förderkredit für die Komplettsanierung zum Effizienzhaus

Unsere Effizienzhaus-Stufe/Klasse	Fördermittelgeber	Tilgungszuschuss[1]	Maximal mögliches Kreditvolumen[2]	Voraussichtlich förderfähige Kosten[3]	Voraussichtlicher Tilgungszuschuss[4]
	KfW	%	EUR	EUR	EUR

1 aus der zweiten Spalte von rechts in der Tabelle auf Blatt 4
2 aus der ersten Spalte von rechts in der Tabelle auf Blatt 4
3 aus Formular I „Überschlag der voraussichtlichen Kosten“: Summe Kosten Vorbereitung und Kosten ausführende Unternehmen (ohne Kosten für Honorare Energieberater u.a.)
4 Produkt aus Tilgungszuschuss und Kreditvolumen

Ermittlung der möglichen Kreditrate

Sie kennen Ihren Finanzierungsbedarf aus unserem Formular J „Budget und Finanzierungsbedarf". Jetzt ermitteln Sie, wie hoch Ihre monatliche Belastbarkeit ist.

Einnahmen pro Monat	Euro
Nettogehalt Kreditnehmer/in 1	
Nettogehalt Kreditnehmer/in 2	+
Kindergeld	+
Zinserträge auf langfristige Anlagen, die nicht gekündigt werden (Übernahme des Vorjahreswerts)	+
andere Einkünfte (z. B. selbständige Tätigkeiten, laufende Unterstützung durch Verwandte)	+
Netto-Mieteinnahmen bei Vermietung und Verpachtung	+
geschätzter Ertrag aus Einspeisung (Formular E, Blatt 5, Zeile K : 12)	+
Summe "Einnahmen pro Monat"	=

Ausgaben pro Monat

Lebenshaltung	
Lebensmittel, Körperpflege, Kleidung (Kartenzahlung, Überweisungen)	
Lebenshaltung (Barzahlungen)	+
Summe Lebenshaltung	=
Wohnen	
Strom [1]	
Wärme (Heizung, Warmwasser) [1]	+
Wasser (Frischwasser, Abwasser)	+
Abfallentsorgung	+
Kommunikation (Festnetz, Mobilfunk, Internet)	+
Haushaltsnahe Dienstleistungen (Reinigungsdienst, Gartenpflege)	+
Handwerker (regelmäßige Wartungen)	+
Hausgeld (bei vermietetem Eigentum)	+
Summe Wohnen	=

Versicherungen und Finanzen	
Grundsteuer	
Bankgebühren	+
Versicherungen (Haftpflicht-, Berufsunfähigkeit-, private Kranken-, Rechtschutz-, Wohngebäudeversicherung) [2]	+
Raten für Darlehen oder Leasing 1	+
Raten für Darlehen oder Leasing 2	+
Summe Versicherungen und Finanzen	=

Geldanlagen und Vorsorge	
Sparpläne	
Bausparvertrag	+
Riester-Vertrag	+
Private Rentenversicherung	+
Risikolebensversicherung	+
Beitrag zur Betriebsrente	+
Summe Geldanlagen und Vorsorge	=

Freizeit	
Unterhaltung (Rundfunkbeitrag, Streamingdienst / Pay-TV, Kabelfernsehen, Abo Zeitung / Zeitschrift)	
Mitgliedschaften Vereine (Sport, Kultur, Soziales)	+
Tiere	+
Sonstiges (Hobby)	+
Summe Freizeit	=

Mobilität	
ÖPNV (Monatskarte, Bahncard, Einzeltickets)	
Kfz / motorisiertes Zweirad (Steuer, Versicherung, Stellplatz, Automobilclub, Wartung / Reparatur, Benzin / externe Stromaufladung)	+
Fahrrad (Wartung / Reparatur, Versicherung etc.)	+
Summe Mobilität	=

Kinder	
Kita / Betreuung	
Bildung (Gebühren Schule / Studium, Schulessen, sonstiger Unterricht)	+
Unterhaltszahlungen	+
Sonstiges (Auslandsjahr)	+
Summe Kinder	=

Umlage jährlicher variabler Kosten (realistische Schätzungen)

Anschaffungen Hausrat (Einrichtung, Garten)		
Reparaturen [3]	+	
Erhaltungsrücklage selbstgenutzte Immobilie	+	
Veranstaltungen (Theater, Konzert, Kino)	+	
medizinische Kosten (Medikamente, ärztliche Behandlungen, Brille, Zahnersatz)	+	
Urlaub I	+	
Urlaub II	+	
Geschenke zu Geburtstagen	+	
Geschenke zu Weihnachten	+	
Sonstiges	+	
Summe Umlage jährliche variable Kosten	=	
Summe „Ausgaben pro Monat"		

Endrechnung Kreditrate

Summe Einnahmen		
Summe Ausgaben	–	
Sicherheitsreserve (z. B. 10 % der Lebenshaltungskosten)	–	
maximale Belastbarkeit pro Monat	=	

1 Nach der Installation einer PV-Anlage verringern sich die Stromkosten, Einspeisevergütung kommt als Einnahme hinzu. Oder: In aller Regel werden die Kosten für Heizenergie nach einer energetischen Sanierung geringer ausfallen als bislang. Wie hoch diese Einsparungen ausfallen, lässt sich jedoch nicht genau vorhersagen. So motivierend optimistische Prognosen auch sind – an dieser Stelle ist Vorsicht geboten. Rechnen Sie sicherheitshalber mit einem Puffer oder mit den bisherigen Betriebskosten.

2 Bei Versicherungsbeträgen müssen Sie bedenken, dass diese sich möglicherweise erhöhen. So muss beispielsweise die Wohngebäudeversicherung angepasst werden, wenn sich der Wert der Immobilie erhöht. Und für eine PV-Anlage ist meist eine zusätzliche Versicherung oder ein Ergänzungsbaustein erforderlich.

3 Mit den Kosten für Reparaturen und Instandhaltungen können Sie unterschiedlich verfahren. Versuchen Sie zunächst, einzuschätzen, ob es sich bei dem betrachteten Jahr um ein durchschnittliches Jahr gehandelt hat. Dann können Sie mit den Ausgaben für Handwerker, Materialien und Anschaffungen arbeiten. Betrachten Sie dazu die Kosten aus mindestens zwei Jahren und bilden einen Mittelwert. Alternativ können Sie eine Instandhaltungspauschale von mindestens einem Euro pro Quadratmeter im Monat veranschlagen.

Unterlagen für den Immobilienkredit

Falls die Bank keine Liste zu benötigten Unterlagen veröffentlicht, sind Sie mit den folgenden Dokumenten gut gewappnet.

	Dokumente	Wer erstellt sie? Wo bekomme ich sie her?
Kreditnehmer	Kopie des/r Personalausweise/s	selbst scannen oder abfotografieren
	Selbstauskunft	i. d. R. Formular der Bank
	Einkommensnachweise:	
	• bei Angestellten: Gehaltsabrechnungen der letzten drei Monate und / oder des letzten Jahres und / oder aktuellster Steuerbescheid	Arbeitgeber und / oder Finanzamt
	• bei Selbständigen: Einkommensteuerbescheide der vergangenen zwei Jahre und/oder Bilanz/Betriebswirtschaftliche Auswertungen/Einnahmen-Überschussrechnungen der vergangenen zwei oder drei Jahre	Finanzamt und / oder Steuerberater
Eigenkapital	Gesamtübersicht	Formular J „Budget und Finanzierungsbedarf“
	Auszüge von Festgeldkonten	kontoführendes Institut
	Standmitteilung Aktiendepot	depotführendes Institut
	Standmitteilung Bausparguthaben / ggfs. Zuteilungsschreiben	Bausparkasse
	Riester-Vertrag mit Kontostand zum Jahresanfang	Versicherungsunternehmen
	Mieteinnahmen	Mietvertrag / Bankauszüge Girokonto
	Nachweis Renten-/Kapitallebensversicherung mit Rückkaufwert	Versicherungsunternehmen
	schriftliche Zusicherung von Verwandtendarlehen	Verwandte
	falls vorhanden: Unterlagen zu weiteren Immobilien (Grundbuchauszug, Gutachten, Kaufvertrag, Gebäudeversicherung …)	Grundbuchamt / Gutachter / Versicherungsunternehmen
Belastungen	Gesamtübersicht	Formular L „Ermittlung der möglichen Kreditrate“
	noch bestehende Ratenkredite	Kreditgeber
	regelmäßige Verpflichtungen	Kontoauszüge mit Unterhaltszahlungen etc.
Objekt	aktueller Grundbuchauszug	Grundbuchamt
	Lageplan / Flurkarte	Vermessungsingenieur / Katasteramt
	Grundriss / Wohnflächenberechnung	Architekt
	Baubeschreibung	Architekt / Energieberater
	Fotos	möglichst aktuell aufnehmen
	falls vorhanden: Energieausweis	Energieberater
	falls vorhanden: Bauanfrage / Bauantrag	Architekt / Bauamt
	falls vorhanden: vom Amt genehmigte Bauzeichnungen	Architekt / Bauamt
Kreditbedarf	Baukostenaufstellung	Energieberater / Baufirmen / Formular I „Überschlag der voraussichtlichen Kosten“

Kreditkonditionen im Vergleich

Um Kreditangebote belastbar vergleichen zu können, brauchen Sie ein Raster. Zum Vergleich ziehen Sie die KfW-Konditionen unter public.kfw.de/tilgungsrechner-rest heran.

		Bank 1	Bank 2	Bank 3	KfW
Eckpunkte des Kredits	Kreditsumme (in Euro)				
	Sollzinssatz (in Prozent pro Jahr)				
	Effektivzinssatz (in Prozent pro Jahr)				
	Tilgungssatz (in Prozent pro Jahr)				
	Monatsrate (in Euro)				
	Volltilgerdarlehen (ja / nein)				
	Darlehen mit Zinsbindungsfrist (in Jahren)				
	Restschuld am Ende der Zinsbindung				
	Voraussichtliche Laufzeit bis zur Schuldentilgung (in Jahren)				
Sonstige Konditionen	Raten flexibel anpassbar (ja / nein)				
	Anzahl Sondertilgungen (pro Jahr)				
	Höhe maximale Sondertilgung (in Prozent oder Euro)				
	Bereitstellungszinsen (ab wie vielen Monaten)				
	Bereitstellungszinsen (in Prozent)				
	Maximale Anzahl der Teilauszahlungen				
	Teilauszahlungsgebühr (ja / nein)				
	Nebenkosten (z. B. Gebühr zur Beleihungswert-Ermittlung)				
	Riester-Vertrag integrierbar (ja / nein)				
	Kündigung ohne Vorfälligkeitsentschädigung (ja / nein)				
	Zinsaufschlag für Vorfälligkeitsentschädigung (in Prozent)				
	KfW-Förderung möglich (ja / nein)				
	Kreditsplitting z.B. in KfW-Kredit, Modernisierungskredit möglich (ja/nein)				
	Bearbeitungsdauer Antrag (in Tagen)				

Checkliste Bauvertrag

Anhand dieser Liste können Sie prüfen, ob ein Bauvertrag alle wesentlichen Inhalte enthält.

1. Vertragspartner

- ☐ Auftraggeber mit vollständigen Kontaktdaten der verantwortlichen Ansprechpartner
- ☐ Auftragnehmer mit vollständigen Kontaktdaten der verantwortlichen Ansprechpartner
- ☐ Vertretung des Auftraggebers (zur Beauftragung von Leistungsänderungen und / oder Abnahme und / oder Zustandsfeststellung)
- ☐ Vertretung des Auftragnehmers (zur Beauftragung von Leistungsänderungen und / oder Abnahme und / oder Zustandsfeststellung)

2. Vertragsgegenstand

- ☐ Art der Arbeiten
- ☐ Umfang der Arbeiten (Leistungsbeschreibung)
- ☐ Bezeichnung des Bauvorhabens mit Anschrift des Gebäudes
- ☐ seitens des Auftraggebers geschuldete Unterlagen (z. B. Grundrisse, Gebäudepläne, frühere Berechnungen)
- ☐ seitens des Auftragnehmers geschuldete Unterlagen (z. B. Wärmebedarfsberechnungen, Bedienungsanleitungen, Fachunternehmererklärung)

3. Vertragsbestandteile

- ☐ Bauvertrag
- ☐ falls vorhanden: Leistungsverzeichnis
- ☐ Pläne
- ☐ weitere Anlagen
- ☐ Angebot der Baufirma

4. Vergütung

- ☐ Pauschalsumme oder vorläufige Summe zur Abrechnung nach ausgeführten Mengen gemäß Einheitspreisen im Leistungsverzeichnis
- ☐ Kontoverbindung des Auftragnehmers
- ☐ Regelung zu Fahrtkosten
- ☐ Regelung zu Wasser- und Stromanschluss

- ☐ Verbrauchskosten Wasser, Strom
- ☐ Baustelleneinrichtung (WC etc.)
- ☐ Handhabung von Leistungsänderungen und -ergänzungen (formale Anforderungen und Auswirkung auf Kosten)

5. Zahlungen

- ☐ Abschlagszahlungsplan oder nicht
- ☐ Sicherheitsleistung (Gewährleistungsbürgschaft einer Bank oder Versicherung oder Sicherheitseinbehalt)
- ☐ Vertragsstrafe bei schuldhafter Überschreitung der Bauzeit

6. Termine

- ☐ eventuell: Baubeginn
- ☐ Fertigstellungszeitpunkt, alternativ: Dauer der Bauausführung

7. Abnahme

- ☐ förmlicher Abnahmetermin

8. Mängelansprüche

- ☐ gemäß den gesetzlichen Bestimmungen (§633 ff. BGB)
- ☐ mit der gesetzlichen Verjährungsfrist (§634 a BGB)

9. Unterschriften

- ☐ Auftraggeber mit Ort und Datum (alle eingangs genannten Personen)
- ☐ Auftragnehmer mit Ort und Datum (alle eingangs genannten Personen)

Abnahmeprotokoll

Sie können diese Vorlage für Ihr Vorhaben nutzen, aber bei Bedarf auch individuelle Anpassungen vornehmen.

☐ Gesamtabnahme ☐ Teilabnahme

Betrifft:

Baumaßnahme ______________________

(Bezeichnung aus Angebot / Kostenvoranschlag / Bauvertrag) ______________________

Bauvertrag vom (Datum) ______________________

Nachtrag 1 vom (Datum) ______________________

Nachtrag 2 vom (Datum) ______________________

Baubeginn (Datum) ______________________

Baufertigstellung (Datum) ______________________

Datum und Uhrzeit der Abnahme ______________________

Anlage 1 ______________________

Anlage 2 ______________________

Teilnehmende

Auftraggeber (Name) ______________________

(Anschrift) ______________________

Auftragnehmer (Name) ______________________

(Anschrift) ______________________

Bauleiter oder Baukontrolleur (Name) ______________________

(Anschrift) ______________________

Abnahme und Mängelfeststellung

☐ Die Abnahme erfolgt ohne sichtbare Mängel.

☐ Die Abnahme erfolgt vorbehaltlich der in der Anlage festgehaltenen Mängel.

☐ Die Abnahme erfolgt vorbehaltlich der in der Anlage festgehaltenen noch zu erbringenden Restleistungen.

☐ Die Abnahme wurde verweigert.

Begründung: ______________________

Fristen

Die Mängel gemäß Anlage sind unverzüglich zu beseitigen, spätestens bis

______________________________ (Datum)

Bei nicht fristgerechter Mängelbeseitigung ist der Auftraggeber berechtigt, die Mängelbeseitigung auf Kosten des Auftragsnehmers durch Dritte zu veranlassen. Alle Mängel- und Schadenersatzansprüche des Auftraggebers bleiben unberührt.

Die Restleistungen gemäß Anlage sind zu erbringen bis spätestens

______________________________ (Datum)

Der Auftraggeber behält sich vor, die vereinbarte Vertragsstrafe in Höhe von ______ EUR geltend zu machen.

Mängelansprüche

☐ Die Verjährungsfrist für die abgenommene Leistung beginnt nach Behebung der oben aufgeführten Mängel.

☐ Die Verjährungsfrist für die abgenommene Leistung beginnt / endet

______________________________ (Datum Beginn)

______________________________ (Datum Ende)

Auftraggeber

______________________________ (Ort, Datum)

______________________________ (Unterschrift)

Auftragnehmer

______________________________ (Ort, Datum)

______________________________ (Unterschrift)

Rechnungsprüfung

Diese 11 Punkte müssen Sie bei jeder einzelnen Rechnung im Blick haben:

- ☐ Entsprechen die Positionen dem Angebot?
- ☐ Stimmen Aufmaß und Mengen?
- ☐ Sind alle aufgeführten Leistungen erbracht?
- ☐ Wurde eine ggfs. erforderliche Aufteilung der Posten auf einzelne Gebäudeteile vorgenommen?
- ☐ Wurden Arbeits- und Materialkosten getrennt ausgewiesen?
- ☐ Wie wurden Kosten für Baustrom und Bauwasser berücksichtigt?
- ☐ Wurden frühere Abschlagsrechnungen berücksichtigt?
- ☐ Wurden Mängelvorbehalte und Geldeinbehalte geltend gemacht und berücksichtigt?
- ☐ Wurde ein Sicherheitseinbehalt vereinbart und berücksichtigt?
- ☐ Wurde ein Skonto vereinbart und auch gewährt?
- ☐ Stimmen Multiplikationen und Summenbildungen, besonders auch bei Überträgen von einer Seite zur nächsten?

Anschrift des Vertragspartners

Name

Straße

PLZ, Ort

Telefon

Mobil

E-Mail

Datum, Ort

Mängelanzeige

Sehr geehrte(r) Damen und Herren / Frau / Herr ____________________

An der von Ihnen an unserem Haus ausgeführten Maßnahme ______________________
gemäß Vertrag vom ____________________ haben sich folgende Mängel gezeigt:

1. ____

2. ____

3. ____

Anbei erhalten Sie entsprechend nummerierte Belege.
Gern können Sie mit uns einen diesbezüglichen Besichtigungstermin vereinbaren.

Hiermit weisen wir Sie auf diese Mängel offiziell hin. Wir möchten Sie bitten, diese Mängel bis zum ________________ zu beseitigen und eine mangelfreie Leistung zu erbringen.

Aus formalen Gründen möchten wir Sie höflich darauf aufmerksam machen, dass wir im Falle eines fruchtlosen Fristablaufs die Mangelbeseitigung durch Sie ablehnen und ein anderes Unternehmen mit der Mangelbeseitigung auf Ihre Kosten beauftragen müssten.

Wir würden uns aber freuen, wenn es hierzu gar nicht käme. Hinsichtlich einer Terminvereinbarung zur Mangelbeseitigung bitten wir um Rückruf unter _______________.

Mit freundlichen Grüßen

____

Datum, Unterschrift

Sanierungsakte

Ihre Sanierungsakte wird am Ende eine Reihe von Unterlagen umfassen. Wenn Sie Ihr Haus in mehreren Schritten auf Vordermann bringen, bietet es sich an, diese Akte fortzuführen.

Aus der Planungsphase

- ☐ Liste aller Dienstleister, beauftragten Unternehmen, Hersteller und Lieferanten samt Ansprechpartnern besonders für Gewährleistungsfragen und Havariefälle
- ☐ Bauanzeigen und -anträge
- ☐ Bau- und sonstige Genehmigungen
- ☐ Vermessungspläne und Berechnungen
- ☐ Kontaktdaten von Firmen, die nicht zum Zuge kamen, aber einen guten Eindruck gemacht haben

Rund ums Geld

- ☐ Liste aller Banken, Finanzdienstleister, Fördermittelgeber samt Ansprechpartnern
- ☐ Fördermittelzusagen / – bescheide
- ☐ Kreditvertrag mit Zahlungsplan

Dokumentation der Umsetzung

- ☐ Bescheinigung des Schornsteinfegers
- ☐ Eventuell entstandene Fotodokumentationen z. B. eines Blower-Door-Tests (Messung der Luftdichtheit) oder einer Thermografieuntersuchung
- ☐ Abnahmeprotokolle
- ☐ Fachunternehmererklärungen
- ☐ Bürgschaften / Gewährleistungssicherheiten
- ☐ Mängelanzeigen

Neue technische Unterlagen

- ☐ Produktbeschreibungen, Unbedenklichkeitserklärungen, Zulassungen / Prüfzeugnisse, Lieferscheine
- ☐ Revisionspläne der Haustechnik
- ☐ Bedienungsanleitungen, Wartungs- und Pflegehinweise sowie Garantieunterlagen aller technischen Komponenten